大樂文化

大樂文化

大樂文化

手繪 300 張圖讓你看懂

富顧客的極度購物

為何金牌行銷總能第一眼看穿顧客內心，
下一秒就讓他買單？

CONTENTS

第2章 從店面到電商，購買欲望就是要這樣挑起 053

CONTENTS

第4章

CONTENTS

推薦序 1

學會 40 個行銷招數，練成如來神掌！

量販女王 何默真

喜歡周星馳的人一定對「如來神掌」很熟悉，這是他執導多部電影中都有的橋段，在《功夫》裡，如來神掌戰勝火雲邪神「蛤蟆功」的畫面，經典！

電影中武學奇才練就如來神掌，擁有無與倫比的功力後無人能敵。對於在零售業從事行銷工作的人來說，本書就是能增加一甲子功力的如來神掌。

按照這本書的內容，理性分析消費者感性的蛛絲馬跡，扎扎實實修練行銷心理學這項功夫，練成後就能打遍天下無敵手，成為行銷之王指日可待。

事不宜遲，讓我們一窺本書的行銷「功夫」。

首先，看穿顧客的內心。像福爾摩斯探案一樣，觀察顧客的動作、眼神或是語言等細微之處，分析出真正會購買的20%顧客；運用「印象管理」讓顧客卸下心防；從顧客瞳孔中發現吸引他的重點商品；然後發揮「同化效應」攻陷顧客的心。

接著，挑起顧客的購買欲。設下「認知偏差」的感性陷阱，用「互惠原理」、「對比效應」完勝顧客的理智線，引導他進入購物的氛圍中。

然後，說服顧客走完購物流程。運用「登門檻效應」、「高開低走」、「找到顧客痛點」和「先下手為強」取得優勢，讓消費者自然而然買高買多。

最後，持續促進極度購物。透過「活用需求理論」、「幫顧客找理由」、「增強消費者信心」、「從顧客角度出發」，讓顧客一買再買。

書中提到的技巧，像是第二件半價、買百送百折價券、限時特價等等，幾乎是零售業天天在玩的行銷活動。為什麼要常常推出這樣的促銷？因為不只消費者喜歡，零售商也賺得更多。

作者提出經濟學的邊際效益遞減，來說明在「第二件半價」活動中，買第一件到第二件的消費者心理。「買百送百折價券」是大家最喜歡的活動，作者將它與「直接打五折」相比，用理性的算式剖析成本與獲利結構，然後有趣地發現在消費者心理學中，收益與損失原來各自存放在不同帳戶中，得到百元折價券存在收益帳戶，打五折竟然放在損失帳戶。換句話說，行銷人員推出讓消費者收益帳戶增加的活動，是創造雙贏的不敗秘訣。

相信研讀本書的一般讀者，會有發現行銷界武功祕笈的興奮感。身為行銷人的讀者通透本書後，也許感性成分不會降低，但可以落實在理性分析衝動購物的行為中，這不是獨孤求敗的桀傲不遜，而是集結更多江湖門派，悠遊於繁忙的行銷江湖中，舵穩自己的船，航向獲利雙贏的航道。

推薦序 2

顧客並非不買單，而是你沒打動他的心

行銷武士道顧問總監 許朝陽（小嚕）

探討行銷，許多論述都告訴行銷人要懂得捕捉顧客需求，但這些資訊又是從何而來？是市場調查數據呈現、人物誌（Persona）描繪的顧客樣態，還是一切只是行銷人的一廂情願？

有時候，探查消費者需求可能是個假議題，因為多數時候顧客不清楚自己需要什麼，而需要行銷人的提醒或引導。

我相當喜歡作者在書中的一句話：天下沒有難做的生意，只有不願意動腦筋、想辦法的行銷人。

2020到2021年，應該是許多企業最難熬的一段時間，在疫情影響下，顧客需求似乎只剩下衛生紙跟各種食材。有些行銷人選擇用優惠甚至打對折的方式來刺激消費，這麼做確實可以提升銷售量，但也是一把雙面刃，將底牌全都攤開來。

疫情期間，是否只剩防疫用品跟民生用品兩種消費機會？事實上，有不少品牌嘗試販售家居擺飾品，以及不出門根本用不到的鞋子，作法便是嘗試分析顧客的生活場景、勾起消費者需求。如果你不懂得如何運用這些技巧，這本書或許能為你帶來許多新的啟發。

相當多行銷人只懂得如何將廣告「推」出去，並用「促銷」手段把顧客「拉」進來，卻忽略要在決策的最後階段，再「推」顧客一把。

除了讓消費者手刀購買之外，許多電商品牌煩惱的「放入購物車不購買」、「退貨率過高」及「讓顧客主動回購」等問題，都可以透過分析消費者心理，嘗試「推」顧客一把。

本書從看穿顧客、探查需求、引導購買到提高訂單金額，提供了相當多的消費心理學和行為經濟學的手段——甚至還有詐騙集團常用的暗黑行銷術——搭配案例由淺入深的闡述，適合想了解消費心理學，卻不得其門而入的行銷人。

不管你是實體店家還是電商品牌，在銷售上一直無法解決的課題，或許解決方案就在本書的章節裡。

人物介紹
速溶綜合研究所心理研究室

隸屬於速溶綜合研究所，致力於研究職場、家庭及社會等方面的各種問題。在梅迪奇博士的帶領下，研究者成功找到不少解決問題的方法，並幫助許多前來的客戶。以下人物會出現在內文圖解中，替讀者演示案例中的場景，以便輕鬆理解。

梅迪奇博士

速溶綜合研究所心理研究室室長。畢業於義大利都靈大學心理學院，是心理學博士，專攻社會心理學和臨床心理學，具有心理諮商師證照。喜歡做實驗，經常帶著寵物貓凱撒一起來研究所上班。博士雖然看起來嚴肅，但脾氣溫和、謙遜。

科西莫

速溶綜合研究所心理研究室護士。個性活潑、聰明，很關心身邊的人，帶給別人如沐春風的親切感。曾經在大型醫院當護士，現在任職於研究室。

凱撒

博士養的寵物貓，也是博士的得力助手。喜歡吃魚，看起來是普通的家貓，其實是有智慧的未來生物。一直想要有個「女朋友」，可是博士好像不知情。

小希（右方）

畢業於心理學系。性格爽朗，做事雷厲風行，給人一種女強人的感覺，很有正義感。

妮妮（左方）

小希的好朋友。就職於某國際貿易公司，擔任主管。性格要強，對工作極度認真、負責。一有時間，就會來研究室幫忙研究者分擔事務。

小卷（右方）

畢業於心理學系。性格沉穩、樂於助人。平時喜歡與博士一起討論心理學課題。

小德（左方）

小卷從小到大的好哥們。畢業於商學院，興趣是研究心理學，擁有吃不胖的體質。

小曾

妮妮的業務夥伴，是位大老闆，很有生意頭腦。偶爾會來研究室分享商業案例，並介紹客戶給梅迪奇博士。

思思

小希的學妹。活潑、開朗，喜歡一切看起來可愛的事物。畢業後想在研究室上班，所以假日會來研究所幫忙。

無論有意還是無意，人們都會被自己的各種表情和動作，出賣內心想法。在這些舉止中，隱藏著大量的真實資訊，反映當事人的心態和性格。因此，行銷人可以藉由消費者的行為舉止，透視其內心，進而見機行事，提前做出判斷與反應。

第1章

為何金牌行銷總能看穿顧客內心的糾結？

01 從4個重點觀察顧客，是行銷人的基本功

商業秘密洩露事件

假設你是某企業的部門主管，你能從下面這段情境中，找出洩露機密給競爭對手的員工嗎？

員工A一邊攤開雙手，一邊說：「不是我。」

員工B說：「主管，你知道不可能是我做的。」說完後，用手指揉了揉鼻子。

員工C視線朝下，眨了眨眼，抿著嘴沒說話。

你心中有答案了嗎？接著，主管把員工C留下來約談，但他並非懷疑員工C，而是因為他已經從員工C的臉上讀出隱情。

在和員工C單獨對話的過程中，主管證實了自己的猜測，員工B果然是犯人，而且員工C在員工B還沒動手腳之前，就已經在員工B的郵箱中找到證據，就此揭露一件涉嫌洩漏商業秘密的事件。

觀察對方的小舉動

那麼，上述的主管如何得知犯人的線索？其實，他只是運用攻心技巧中的「觀察」。

從觀察中可以發現，員工A「攤手」的肢體語言，蘊含的資訊是坦誠；員工B嘴上雖然否認，但「揉鼻子」的小動作，表示他對自己說的話沒有信心；員工C雖然什麼都沒說，但「視線朝下並眨眼」表示他正在思考，「抿嘴」則代表在隱忍重要資訊。

因此，藉由一系列觀察，熟悉人性的主管留下員工C，在沒有第三者的情況下，從員工C口中得知所有內幕，並找到員工B洩露商業秘密的證據。這位主管不僅讓事件圓滿落幕，還提升了自己的名聲。

 留意對方這4個地方，可獲得情報

在透視心理的環節中，觀察發揮至關重要的功效。那麼，我們該如何觀察？以下提供4個暗藏玄機，且值得觀察的地方：

1. **舉止、言談、微表情**：一個人的舉止、言談、微表情總會反映當下的情緒。這些細微的動作經常受到潛意識影響，而不由自主地表現出來。藉由觀察微表情及肢體動作，我們可以大致掌握當事人的心理狀態，為下一步的行動提供較可靠的依據。
2. **對待食物的態度**：人們對待食物的態度，會體現自己的性格。經常在身邊放置零食的人，自制力通常較弱；愛喝研磨咖啡的人，對工作的品質有相對應的要求；懂得餐桌禮儀的人，通常心思細膩且懂得為他人著想。
3. **與他人相處的方式**：我們與同事或朋友相處的方式，會展現自己的價值觀。舉例來說，凡事都要爭論對錯的人，往往較遵守規則，但處事可能較不圓滑、不懂得變通。
4. **辦公桌、鎖門等細節**：細節經常透露一個人的習慣。有些人的辦公桌一塵不染，把電腦、滑鼠、鍵盤等辦公用品放得整

整齊齊，這類人通常做事有條理。有些人在鎖上門後，總會不自覺地推拉幾下，如果將事情交付給這類人，則有很高的機率被完成得十全十美。

圖1-1　觀察4個地方，有助於獲得情報

1. 舉止、言談、微表情

2. 對待食物的態度

3. 與他人相處的方式

4. 辦公桌、鎖門等細節

提醒

觀察對方並獲取情報是做好決策的前提。無論是行銷高手還是菜鳥，學會主動觀察並善用得到的情報，便能取得先機，在職業生涯上有所成就。

02 福爾摩斯的3步驟分析，幫你抓住推坑契機

福爾摩斯的神奇技能

想必大家都對《福爾摩斯》這部電影不陌生。人們都渴望擁有和福爾摩斯一樣的推理能力，而其中最經典的橋段莫過於他猜中華生的職業。

福爾摩斯說：「你的手腕黑白分明，顯然你原本的膚色並不黑。而且，你的行為舉止十分得體、動作鏗鏘有力，雖然跛腳卻依然習慣站立而非坐下。再來，從你救人的熟練度來看，你的職業應該是一名軍醫。」

華生讚嘆福爾摩斯的推理，讀者也無不拍手稱快。其實，這種結合觀察和推理的技巧並不神奇，它就是我們日常生活都在用的「分析」。

進行有效分析的3個步驟

分析就是對觀察後獲得的資訊進行處理，讓你看到他人通常不會發現的事實，進而得出可靠的結論和情報。那麼，我們該如何做有效的分析？

首先，我們要獲取有效的資訊。舉例來說，如果你初次和華生打交道，沒有注意到他手腕處的曬痕、鏗鏘有力的動作、跛腳、偏

圖1-2　如何做好有效分析？

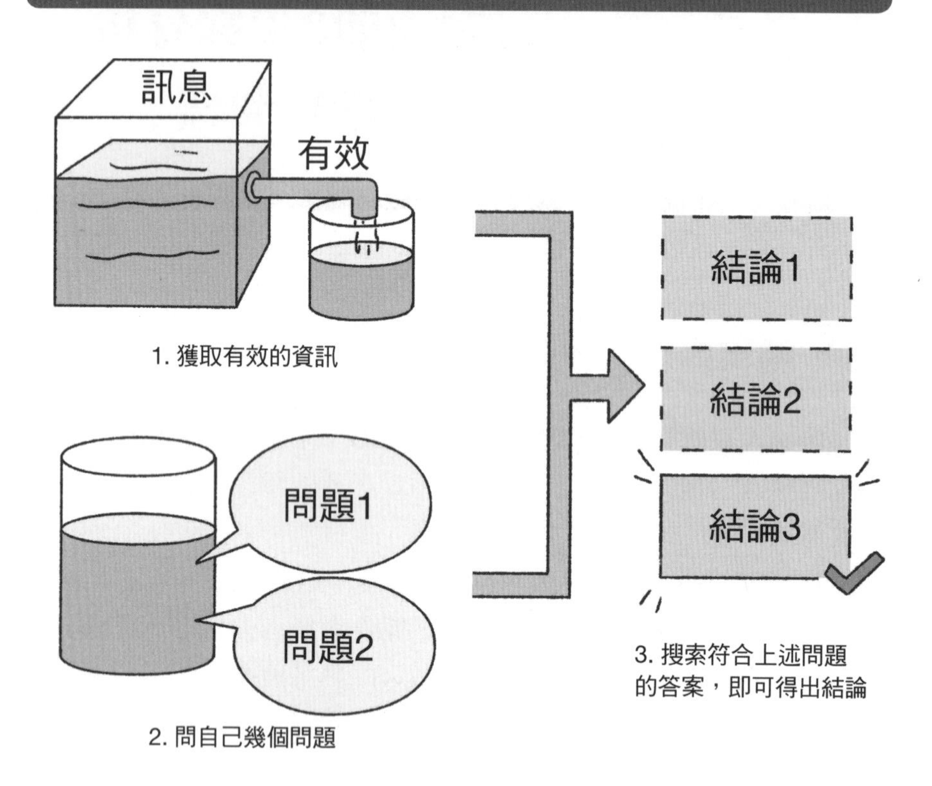

好站立而非坐下、救人處置幹練，你便沒有足夠的素材去處理資訊，進而得出結論。

其次，問自己幾個問題。例如：他的曬痕從哪裡來？什麼原因讓他的動作如此鏗鏘有力？他為何跛腳？為何偏好站立而非坐下？要經過多少訓練，才能使救援動作如此幹練？

最後，在自己的知識範圍內，搜索符合上述問題的答案，然後把它們結合起來，即可獲得結論。從上述福爾摩斯分析華生的例子來看，你可能會得出以下4種結論：

1. 他是從熱帶地區回來的醫生。
2. 他是學習過CPR（心肺復甦）的運動教練。
3. 他是受過傷的軍人。
4. 他是軍醫。

經歷幾次推論，你會發現只有最後一個選項和觀察的結果完全吻合，因此正確答案呼之欲出。

上述的步驟看似複雜，但只要熟練之後，就能在腦海裡快速獲得有效的結果。

分析對方可獲得4個好處

你可能會想：「我不打算做偵探，即使學會這套分析技巧，也沒什麼用處吧？」這個想法恐怕是錯的，你看完以下4個分析對方所帶來的好處，就會徹底改觀：

1. **提高識別謊言的能力**：可以從分析對方的微表情下手，從蛛絲馬跡中獲悉端倪。
2. **增加說服別人的能力**：可以由分析對方的性格特徵著手，從而決定要使用哪類說話技巧說服對方。
3. **有效提高行銷能力**：我們可以透過分析客戶最在意的地方，在介紹產品時，強調此項產品能夠滿足顧客的需求。
4. **順利追求心儀的對象**：可以分析心儀對象的愛好，以此為切入點建立關係。

如果以上4個好處中，有你中意的目標，那麼「分析」這項攻心技巧很適合你。

圖1-3　工作和日常生活中，運用分析的4個場景

1. 識別謊言

2. 說服別人

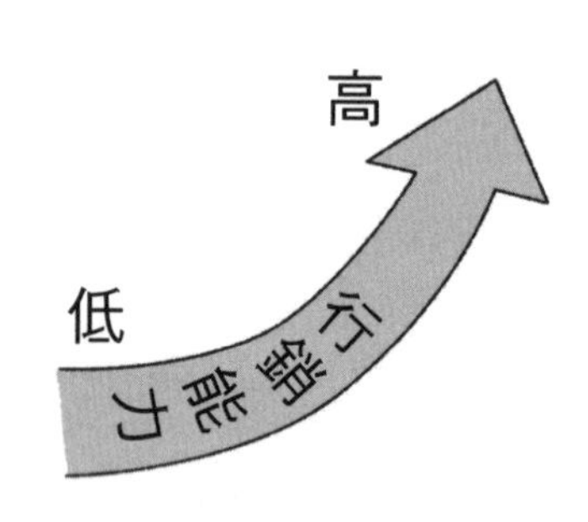

3. 提高行銷能力

4. 追求心儀的對象

提醒

分析觀察後獲得的資訊，是提升行動成功率的好方法。只要掌握這套方法，並將它訓練成下意識的反應，就能逐漸成為一個「看入人裡，看出人外」的高手。

03 想獲得顧客信任，要活用「變色龍效應」和……

我們習慣分享資訊給值得信賴的人

如果你有一件重要任務需要指派給部屬，你會交給誰？如果你提不起精神，會把內心袒露給誰？如果你有一個計畫，你會與誰分享？

上述你想分享的對象，是否都是你信任的人？答案肯定是「Yes」。無論是重要的事還是關鍵資訊，我們往往傾向於託付或分享給值得信賴的人。

不過，該怎麼做才能獲得對方信任，讓對方不自覺地做出我們想要的反應，進而誘導他透露資訊，實現你想獲得的結果？

獲得對方信任的2個方法

信任是一扇由內往外打開的門，我們無法從外面打開這扇門，因此無法強迫別人信任我們，但透過以下2個方法，能讓他人主動敞開這扇門。

1. 交換資訊

所謂交換資訊，就是**逐步向對方透露自己的情況**。一開始可以是簡單的資訊，例如：自己的學校、院系、工作經歷，隨著你與對

圖1-4　交換資訊源於互惠原則

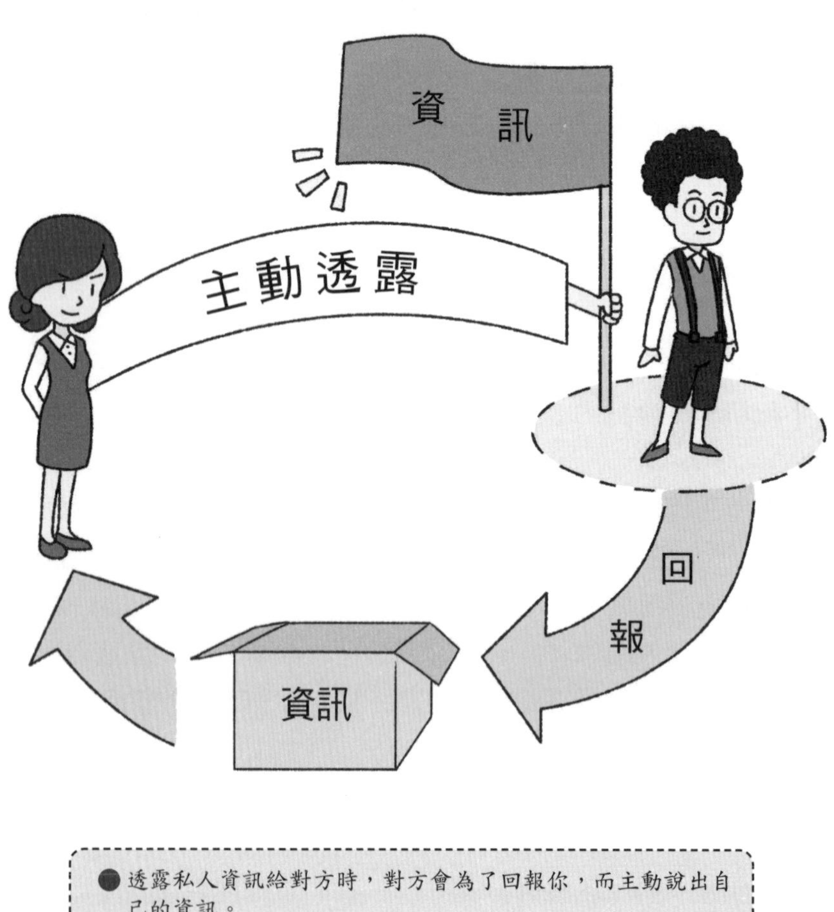

● 透露私人資訊給對方時，對方會為了回報你，而主動說出自己的資訊。

方認識的時間增加和交往的深入，再進一步揭露更多詳細資訊，而且透露越私人的資訊越能獲得信任，例如：家庭資訊、感情況態。

漸漸地，你會發現對方開始向你說出自己鮮少透露給別人的資訊，逐漸敞開這扇信任之門。

交換資訊的本質源於**互惠原則（Reciprocity），即人類會因為對方給予的人情，而產生想回報的心態，便以類似的行為或更有利於對方的行動來回報**。

當你透露私人資訊給對方時，他會不自覺地訴說自己的資訊，以作為回報。因此，使用交換資訊的方法，不但能輕易地獲取他人的情報，還能讓對方信任你。

操作要點：**分享和透露自身情況或資訊時，務必循序漸進，因為交淺言深反而容易讓對方反感或產生警戒心**。

2. 模仿遊戲

模仿遊戲是指**悄悄地模仿對方的肢體動作和行為**。舉例來說，你模仿對方將雙手放進口袋中，或當對方蹺二郎腿時，你也照著做，甚至效法對方爽朗豪放的笑聲。

這種模仿會讓對方在潛意識中，認為你們是一見如故的同類，而提升你在團體中或對方心裡的好感度與歸屬感，於是對方逐漸對你產生信任。不過，**使用這個方法模仿對方時，要盡量表現得自然，否則被對方發現你是刻意模仿，反而會讓氣氛變得尷尬**。

模仿遊戲蘊含的心理學原理稱作**變色龍效應（Chameleon Effect）**，是由兩位心理學家約翰・巴奇（John Bargh）和譚雅・查特蘭（Tanya Chartrand）發現並提出。他們藉由對比實驗證實，模仿對方的動作能有效增加他人對自己的信任程度。

圖1-5　像變色龍一樣模仿對方的舉動，可提升好感度

好感度

好感度

提醒

信任是獲得對方訊息的有利因素，能在透視他人心理上產生效用。若你學會交換資訊和模仿遊戲這兩項攻心技巧，便能成功獲取對方的信任。

04 誘導客戶說出關鍵資訊，可以投其所好

投其所好，向對方表示自己感興趣

在一場面試中，如何獲得面試官的青睞？心理學的答案是投其所好。可是，要怎麼知道一位陌生人的愛好呢？

曾有一位經驗豐富的面試者，在一場面試中反客為主，讓面試官滔滔不絕之後，又對自己大加讚賞，他怎麼是做到的？答案是**不露聲色地率先對面試官的職業生涯產生好奇**，並成功讓他分享自己一步步走上管理職位的經歷。

面試官說：「我是公司第一批新進員工，當初才剛大學畢業，什麼經驗都沒有，但高層很信任我，一直鼓勵我發揮才能，才得以建立起公司今天這套營運體系。公司對我的付出給予豐厚的回報，讓我在這些年獲得連續晉升，逐漸做到今天的位置。」

從面試官透露的資訊中，我們不難發現，這位面試官是一位努力進取、懂得報答的人。在之後的談話中，面試者盡可能呈現與面試官相似的價值觀和信念，最終不但得到面試官的青睞，還被推薦為重要栽培對象。

學會誘導對方，讓他不知不覺透露資訊

所謂誘導，是**用暗示的方式讓對方自行吐露關鍵資訊**，再利用

圖1-6　運用暗示誘導對方，讓他主動提供資訊

這些資訊達成目標。

在上述案例中，面試者充分利用人們樂於分享自己成功經驗的特點，讓面試官在酣暢淋漓、大談奮鬥史的過程中，透露他的 VABEs（Values：價值觀、Assumptions：假設、Beliefs：信念、Expectations：期望），使自己得以迅速提煉策略，進而在接下來的面試過程中投其所好，展現面試官期望的特質，一舉奪得這個單位的職缺。

然而，不要以為誘導僅適用於特定場景。在日常生活和工作中，有很多場合不方便直截了當地向對方打探消息、求得說明。此時，誘導是非常恰當的方式（註：出自菲利普・科特勒〔Philip Kotler〕的《行銷管理》〔*Marketing Management*〕）。

舉例來說，你想請教某位高階人事經理，但你意識到彼此從未謀面，直截了當地找他未必能獲得期望的結果。因此，你可以在見面時對他說：「〇〇告訴我，您是樂於指導新進員工做好人際關係的專家。」在這句話當中，你其實暗示以下3個資訊：

1. 你們彼此有共同的熟人，他可以信任你。
2. 他身為高階人事經理，樂於指導新進員工。
3. 他的強項是員工的人際關係，因此有能力與你分享。

最終，看似是該高層自行指導你，並提供專業知識，實際上是因為你運用了誘導技巧，讓他主動透露有效的資訊。

提醒

雖然不是每次都能藉由暗示來誘導對方，取得所有預期效果，但若能掌握這項技巧，絕對能增加你獲取資訊、得到對方幫助的機率，推動你走向成功。

05 以印象管理的3種策略，塑造你的好形象

單憑演技就能獲得升遷機會

Tom和Jerry進公司已經3年了，他們的年齡和學歷相當，但Tom有一個習慣——經常趁老闆在旁邊時大聲講電話，表現出特別關心重要訂單的樣子。

雖然Jerry也會做好這項工作，但他不喜歡當著老闆的面刻意表現。到了年底，老闆決定晉升他們兩人其中一位，你猜猜究竟花落誰家？

答案是Tom。你可能會替Jerry抱不平，心想：「Tom不就只是一個很會演的員工嗎？難道像Jerry一樣默默付出的人，沒有出頭之日嗎？」

既然讀者拿起這本書，肯定希望在本書中獲取養分，學會心理學知識，作為成功路上的利器。那麼，我們心平氣和地分析，到底是什麼原因讓Tom成功晉升，讀者能從中學會什麼？又該如何運用？

藉由印象管理，控制他人對你的認知

在上述案例中，Tom利用的技巧叫作印象管理（Impression management或self-presentation），即**人們藉由自身的語言、行為或**

圖1-7　透過語言、行為或表情，操縱自己的形象

人們可以藉由自身的語言、行為或表情，管理他人對自己印象的認知。

表情，試圖影響或控制他人對個人印象的認知。

在日常生活和工作中，尤其是在獲取社會資源的職場，我們往往需要展現自己某方面的特質、技能及態度，以獲得別人的認同，進而在與他人的互動中得到更多好處。在這個過程中，我們會不自覺地扮演自認為應該扮演的角色。其實，我們之所以這麼做，只是為了推銷自己。

那麼，我們該如何表演才能展現自己的特色，成為別人眼中值得信賴、甚至樂於互動的角色呢？

 運用印象管理的3個策略，提升工作好形象

印象管理作為提升形象的攻心技巧，具體來說有以下3種適用

於職場上的基本策略：

1. **表明態度**：你的主管工作繁忙，不可能時刻觀察你是如何替公司帶來貢獻。因此，我們可以運用一些手法，例如：在社群軟體中的群組裡，要求同事給予協助，藉此呈現你認真工作的態度。上述案例中的Tom就是利用類似策略，成功獲得晉升。
2. **宣揚功績**：在團隊取得一定的成績後，你可以參加公司的持續改進計畫（即Continuous Improvement，有些單位稱作CIT）。在結案報告中，寫上你是如何分析問題與解決問題，以及你們取得的收益大約是多少？記得用量化的方式，客觀地宣揚自己的功績，引起主管或高層的注意。
3. **提示困難**：讓同事和主管知道，你們是在缺乏資源、人力稀少、環境惡劣的情況下做出好成績。例如：儘管需要減少額外支出、控制加班成本、縮短機械使用頻率，你們依舊達成主管設定的目標。

值得注意的是，無論使用哪種策略都要適度，否則過度濫用反而會引起同事甚至主管的反感。

圖1-8　工作中，使用印象管理的3個策略

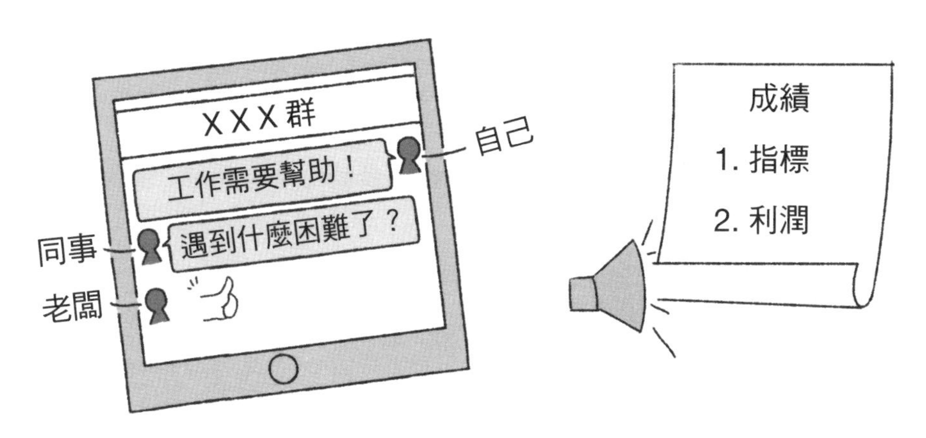

策略1：表明態度

策略2：宣揚功績

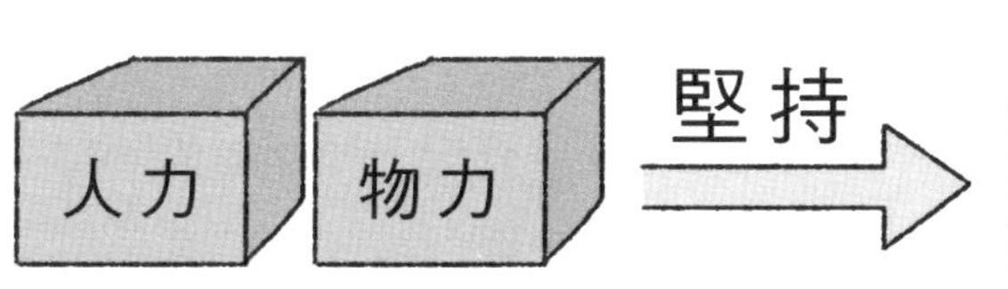

策略3：提示困難

提醒

使用印象管理是為了向他人行銷自己，因此印象管理本身沒有錯，但有些人會帶著不好的心態濫用，甚至欺騙對方。行銷人必須將它用在正途上，並透過有效學習和實踐，掌握這項技能，順利攻下顧客的心。

06 看懂「謊言訊號」，你就能掌握銷售主導權

說謊時的小動作和反應會出賣你

在不少電影中，受過訓練的特工彷彿一台移動測謊儀，總是可以立即判斷對方是否說實話。這到底是人們的想像還是真實存在的技術？如果我們可以掌握這項技術，瞬間捉到對方正在說謊，進而幫助自己在接下來的互動中占上風，不是很好嗎？

其實早在1960年代，微表情測謊技術就已成為心理學家的研究對象。他們藉由觀察每幀1/25秒的影像，分辨人類在說謊時出現的微小動作和反應。這些動作和反應往往轉瞬即逝，它們就是謊言訊號。

謊言訊號教你辨別真假

人們說謊時，經常透露許多微表情或小動作的謊言訊號，以下介紹幾個較具代表性的。

最令人印象深刻的動作是「觸摸鼻子」。一般來說，人們說實話時，心態是平靜的，流經鼻腔的血液緩慢，而一旦開始說謊，鼻子裡的血液流動會明顯增加，就會刺激鼻腔粘膜，產生不適感（通常是瘙癢）。說謊者為了緩解這種不適感，常常會反射般地撫摸或是揉搓鼻子。

圖1-9　人們說謊時，常見的4種表現

1. 摸鼻子

2. 觸碰喉部、頸部、臉部

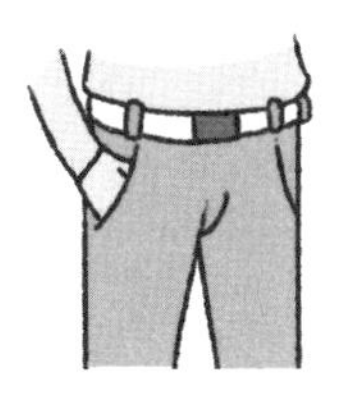

3. 把手插進口袋

4. 表情僵硬

此外，另一個特徵是：**說謊者會不經意地觸摸喉部、頸部、臉部**。這些部位存在大量的神經末梢，人們在緊張時，會不自覺地觸碰這些區域，因為觸摸這些部位可以有效降低血壓、減緩心跳、緩解不安的情緒，使人平靜下來。

在人類數萬年的進化過程中，這些安撫情緒的行為，成為人類說謊時的反射動作。從以上特徵來看，我們可以發現，說謊和微表情之間存在一定的關係。

除了上述的說謊特徵之外，類似的謊言訊號還有以下4種：

圖1-10　說謊會刺激血液流動，藉由觸摸緩解不安

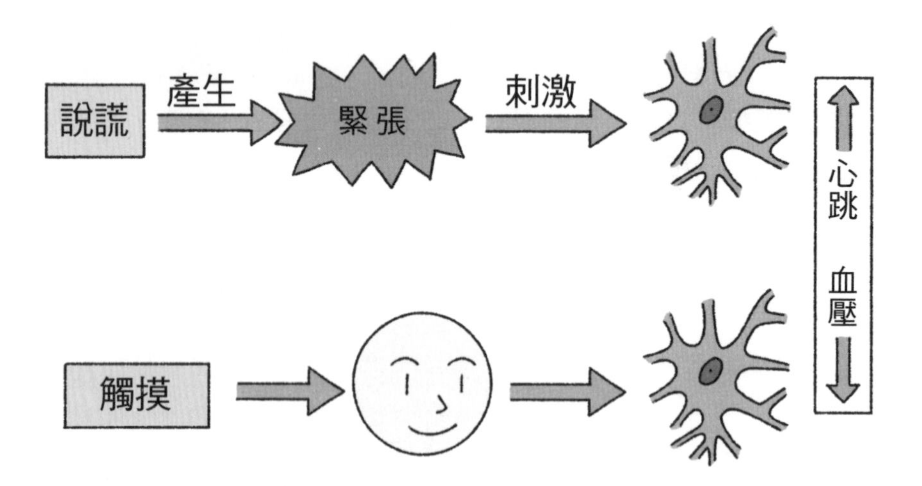

● 人們說謊時，血壓和心跳會加快。為了緩解這種狀況，會不自覺地觸碰身體的某些部位。

1. 試圖把手藏起來，例如插進口袋。
2. 身體會多次變換姿勢，例如蹺二郎腿。
3. 笑容不自然，表情僵硬。
4. 女性通常會凝視對方，查看謊言是否被拆穿。男性往往選擇挪開視線，避免眼神接觸。

 出現謊言訊號未必100%說謊

雖然藉由說謊訊號判斷說話者是否說謊，有較高的準確率，但它和絕大多數的科學有一個類似的共通點——準確度只是一個大概的數字，這意味著它並非完全正確。因此，運用謊言訊號測謊時，

不能因為對方出現說謊的典型特徵，就武斷地判定對方說謊，這不但犯了邏輯上的錯誤，還可能因為判斷錯誤，使自己陷入尷尬的窘境。

總之，**當你藉由這些謊言訊號，發現對方似乎在說謊時，應該設法尋找證據，支持自己的觀點，或選擇不相信他**。有時，看破卻不說破，也是一種有智慧的表現。

提醒

學會識別謊言的技術，能使你在與別人的互動過程中，占據優勢、奪得先機。無論在生活還是工作中，恰當地使用這門本領，都能讓你以準確的判斷和有效的行動，成為一個慧眼如炬的智者。

想抓住顧客的興趣點，看他的眼睛就對了！

 波斯商人看穿顧客內心的祕密

請你猜猜看，古代的波斯商人在出售首飾時，經常憑藉以下哪個選項來出價？

選項A：顧客的穿著打扮。
選項B：顧客對你投射的眼神。
選項C：顧客的瞳孔大小。
選項D：顧客呼吸的急促程度。

答案是選項C。其實，人類很早就會觀察別人的眼睛，來讀懂他人的內心。熟諳此道的波斯商人，只要發現顧客看著一串項鍊或一枚戒指時，瞳孔逐漸放大，就立刻斷定顧客對那項商品感興趣，因此開出較高的價格。

儒家學派的代表人物孟子和曾國藩，也常常以眼神來判斷一個人的情緒。可見得，眼睛確實是靈魂之窗，哪怕是內心細微的波動，也會如實反應在眼睛裡。

圖1-11　從瞳孔的大小，判斷對方是否對眼前事物感興趣

1. 男士觀察美女照片

2. 女性觀察嬰兒照片

瞳孔會透露你對眼前事物的喜好

你也許認為以上只是經驗談，那麼不妨看看美國芝加哥大學（University of Chicago）心理學系教授埃克哈德・赫斯（Eckhard Hess）的實驗：

某天晚上，赫斯教授躺在床上翻閱一本畫冊，當時臥室的光線並不昏暗，可是觀察能力出眾的教授夫人，卻發現丈夫的瞳孔大得出奇。赫斯教授得知這件事後，百思不得其解。臨睡前，他忽然猜到某種可能：或許瞳孔的大小與人類的感興趣程度有關。

於是，他組織研究人員做實驗，隨機給受試者看一系列照片，

同時觀察並記錄他們的瞳孔變化。結果發現，女性受試者看著嬰兒的照片時，瞳孔平均擴張了25%，而男性受試者看著美女的照片時，瞳孔也會不由自主擴張到20%左右。

因此，實驗結果十分明顯：**人類瞳孔的擴張與否，不只和環境中的光線強弱有關，還和對眼前事物感興趣的程度有關。**

不同場景觀察瞳孔的實際運用

了解瞳孔與興趣的關係後，我們該如何運用在生活和工作中？以下介紹3個可以運用的場景：

1. **聊天**：我們常說自己不會聊天，其實只是沒有聊到對的話題。每個人都有自己感興趣的領域，有些人喜歡電子產品，有些人對明星八卦感興趣。聊天時，你可以隨機切換話題，同時觀察對方瞳孔的變化，當對方因為當下的話題而瞳孔擴張時，再就此話題繼續深入，你就能成為交際高手。
2. **銷售產品**：在一對一的行銷場景中，消費者總是對產品的價格、體驗、效果、新穎性等感興趣。那麼，該如何迅速識別對方的興趣點？又該從哪方面著重介紹？這時，消費者的瞳孔大小是行銷人很好的依據。
3. **談戀愛**：自古以來，東方女性在戀愛關係中較為矜持，因此她們即使真的想看某部電影、想和你一起享受美食，也未必會直接說出來。此時，可以觀察瞳孔，識別對方是否對當下的活動感興趣。

圖1-12　在3個場景中，觀察對方的瞳孔，了解他是否感興趣

1. 與別人聊天

2. 銷售產品

3. 與伴侶約會

提醒

俗話說：「眼睛是靈魂之窗。」我們只要掌握觀察瞳孔的技巧，就能在對方不知不覺中洞察其內心，在與對方的互動中搶得先機，實現自己的目標。

08 色彩會影響個人形象和產品銷量，該如何運用？

顏色和人們的內心緊密連結

你看過紅色電風扇、粉色保險箱、黑色餐盤嗎？如果你見過，是否發現它們出現的機率很低？即使真的存在，你肯定要花一定的時間和精力才能找到，這是為什麼呢？答案是：**色彩與人類的心理有著非常緊密的連結**。

若產品的顏色使用不當，可能會降低顧客的購買欲。以保險箱為例，廠商通常會使用黑色、灰色等較深沉的色彩來包裝，因為這些顏色可以帶來安全感，而粉色較輕浮、鮮嫩，無法給人踏實的感覺，因此廠商很少以粉色作為保險箱的顏色。

5種常見色彩帶來的心理效果

既然色彩和人的心理存在一定的關係，那麼生活中的色彩分別呈現怎樣的心理效果，又適用於哪些場合？以下針對5個常見的色彩做介紹：

1. 紅色

紅色可以展現一個人的鬥志。根據杜倫大學（University of Durham）心理學家羅素・希爾（Russell Hill）和羅伯特・巴頓

圖1-13　5個常見色彩各自代表的心理效果

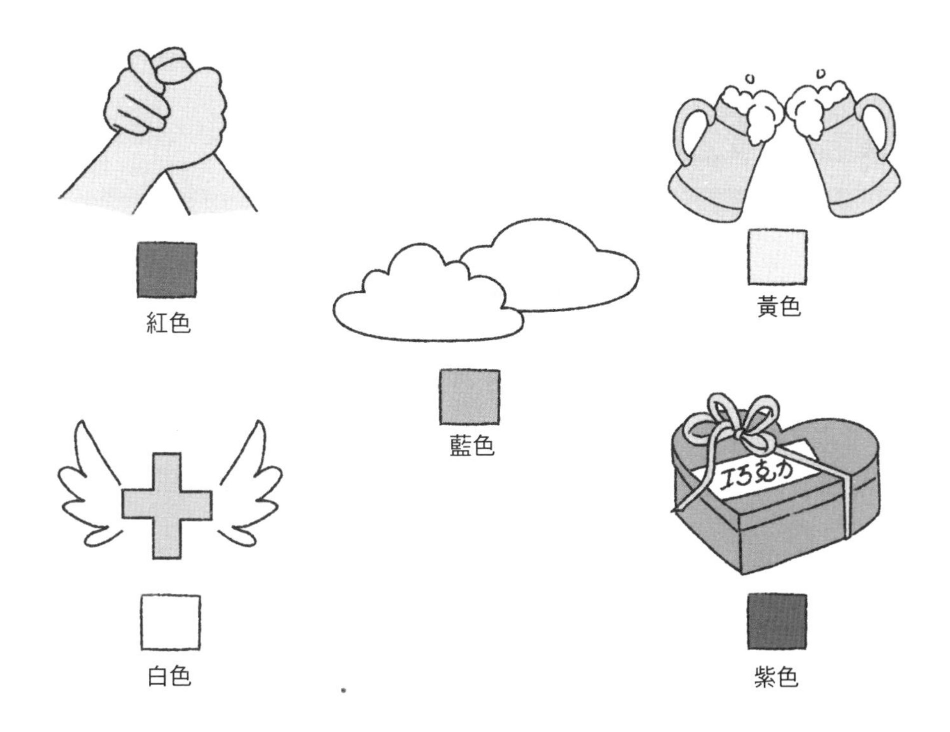

（Robert Barton）的研究，凡是佩戴紅色護具的格鬥者，其勝率比佩戴其他顏色的選手高出將近5%。

2. 白色

白色象徵純潔、信任和善良。醫護人員身穿白色的主要原因在於，白色給人一種乾淨、值得信賴的心理感受，可以促進醫師和患者之間的信任，讓患者如實告知自己的身體狀況。

另外，在商務場合身穿白色襯衫，能帶給對方乾淨俐落、大方得體的感覺。因此，白襯衫是每位職場人士的必備單品。

3. 藍色

經由研究發現，**人們在藍色的環境中較容易冷靜，工作效率也比待在其他顏色的環境中來得高**。當你希望別人靜下心聽你說話時，不妨身穿藍色衣服。另外，也可以穿著藍色衣服參加面試或出席會議。

4. 黃色

黃色經常給人樂觀、幸福的感覺，是一種非常明亮且顯眼的顏色。在一群人當中，你第一眼就能看到身穿黃色上衣的人。

此外，黃色還能刺激大腦的海馬迴，對於啟動記憶、促進思考十分有效。當你需要思考時，不妨在淡黃色的紙上畫一張思維導圖。不過，黃色具有不穩定的特性，因此身穿亮黃色上衣出席商務談判，會有招搖、挑釁的意味，要盡量避免。

5. 紫色

紫色除了被**人們認為是浪漫和擁有神秘主義的色彩之外，還能使人心神安寧**。想舒緩不安情緒、調節壓力時，可以在一條紫色的瑜伽墊上做瑜伽或伸展操，也可以在充滿紫色的空間中冥想，這麼做能有效促進人們的創新思維，構想出奇妙或特別的點子。

提醒

每種色彩都有它的心理功效。了解這些色彩對人們心理有何影響，知道在什麼場合活用哪種顏色，對行銷自己或產品有一定的效用，能幫助我們在銷售過程中成功誘導顧客，進而提高業績。

09 暢銷榜、明星代言的吸金力強，是因為……

我們的行為經常受到環境影響

你有沒有發現，同一間辦公室的人幾乎會在同一個時間，考取駕照甚至購入汽車；一部電視劇的收視率很高，男女主角穿的同款服裝或首飾都會大賣；部門主管如果有一個口頭禪，他的部屬也會習慣使用這個用語。導致這些情況發生的原因，究竟是什麼？

研究發現，**人們的態度和行為容易受到周圍環境的影響，人們會逐漸參照周遭群體或個別成員的態度或行為，在潛移默化中調適自己，以適應環境**。比方說，當你蹺二郎腿時，別人也會跟著蹺二郎腿；團隊中地位高的人較容易被模仿，這種模仿與被模仿的現象被稱為同化效應（Assimilation effect）。

如何運用同化效應？

理解同化效應後，我們該如何學以致用？下面將從「被他人影響」和「影響別人」2個角度，來說明這個問題。

1. 被他人影響

人是一種容易受到影響的動物，特別是聰明、缺乏主見的人，而反應遲鈍、性格突出的人則較不易受到影響，但這僅僅是程度上

圖1-14　環境會影響人們的態度和行為

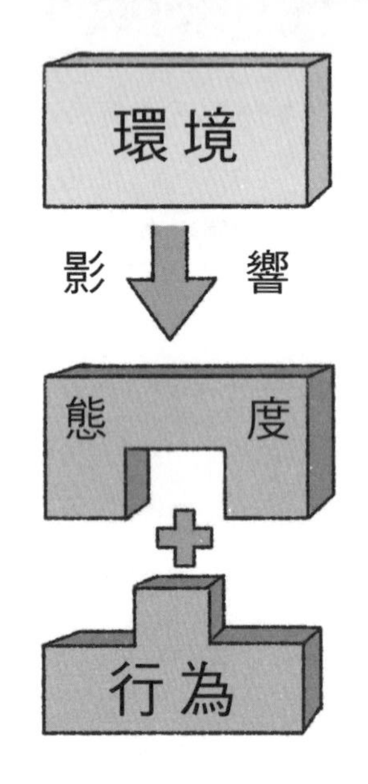

● 我們很容易受到周圍群體或地位較高的成員影響

的不同。

我曾聽到一句話：你的收入約等於關係最親的6個朋友的平均值。因此，我們最好慎選自己想親近的對象。舉例來說，當你向2位朋友說「我今晚要好好讀書」時，可能會收到不同的回答：

朋友A：「你做不到的，不如今晚去吃火鍋，如何？」
朋友B：「我今天買了一本《富顧客的極度購物》，晚上也想好好閱讀，我們一起加油吧。」

積極好學的你，如果想讓自己更進步，會選擇與朋友A還是朋友B成為好朋友呢？我想答案應該很明確了。

正因為我們會不自覺地模仿朋友，所以你在什麼樣的圈子裡，

圖1-15　如何利用同化效應？

1. 被影響

2. 影響別人

和什麼樣的朋友相處，自然會受到影響，而逐漸成為和你朋友相似的人。

2. 影響別人

邏輯學上有兩大謬誤，一個是「訴諸群眾」，指由於大多數人都持有這個觀點，所以這個觀點是對的。另一個是「訴諸權威」，指由於權威人士持有這個觀點，因此這個觀點是對的。不過，在利用同化效應影響別人的場景中，我們恰好可以拿來使用。

同化效應的表現包含從眾行為（第3章第4節會再詳細解說）。在會議中，如果你想要推銷自己的觀點，設法讓自己的建議通過，你可以事先說服一些人。如此一來，原本反對的同事發現那麼多人支持你的觀點，也許會保持沉默甚至放棄自己的主張。

此外，還可以使用狐假虎威策略。這項策略是**利用權威的影響力，征服持有反對意見的人**。具體操作上，如果你預測要說服的對象，有很大的機率反對你的決策，便可以事先和部門主管溝通，然後以上司的名義對外公布。如此一來，持有反對主張的同事也會因為權威的影響，逐漸放棄自己的觀點。

在傳統廣告業，無論是請明星代言還是大咖背書，其本質都是以從眾或權威來同化普羅大眾，儘管手法老套，效果仍舊顯著。

提醒

模仿和被模仿、行銷和被行銷，向來是人類社會的特點。無論你要行銷自己的觀點，還是推廣自己的產品，同化效應都是行銷人值得利用的策略。

10 顧客發飆怎麼辦？用技術性怯弱來化解

人們經常將怯弱和負面想法聯繫在一起。然而，很少人可以完全擺脫怯弱和畏懼，即使是剛強的人，也難免會有懦弱膽小、畏縮不前的時候。正如一枚硬幣有正反兩面，「技術性怯弱」這項技術其實可以當作成為一種攻心的良策。

實施技術性怯弱的人，往往會**用順從和服軟的外在表現，來緩解對方的憤怒，甚至抑制其攻擊行為，或者藉由抬高對方的地位來彰顯其權威，再用誘導的方式達成目標**，但具體上要怎麼做呢？

如何實施技術性怯弱？

世界一流的談判專家史都華・戴蒙（Stuart Diamond），曾分享一個親身經歷。某天，他因為未繫安全帶而被警察攔下。戴蒙教授停穩車子後，立刻做出服從的姿態，一邊擺出道歉的手勢，一邊說：「警察先生，非常感謝您，如果不是您及時提醒和制止我，我的妻子和孩子可能會失去最愛的父親。」

警察原本已經準備開罰單，眼看戴蒙教授表現出如此怯弱的神態，講話又那麼謙卑，反而擺擺手，示意他離開。

畢竟人心是肉做的，在必要時，用身體語言加上技術性怯弱，以低頭、敬禮手勢等表示服從的姿態向他人示弱，可以獲得對方原諒。

圖1-16　向對方表示順從或抬高其地位，可降低對方的憤怒值

1. 用順從或服軟使對方消氣

2. 抬高對方的地位

這種技術性怯弱經常被**用在服從主管或權威的場合，也可以用來向暴怒的顧客服軟，或向生氣中的戀人認錯、求饒**。

 實施技術性怯弱有2個注意事項

第一，在實際操作中，技術性怯弱術的最大敵人是實施者自己，因為人們往往無法突破內心衝突，好好實施技術性怯弱，因此

在**施展這項技術之前，務必理解它不是性格軟弱，而是一種不吃眼前虧的權益之計**。

畢竟，韓信的胯下之辱、劉備佯裝被打雷驚掉了筷子，都是技術性怯弱的體現。可見得，只有內心真正強大的人，才能好好地實施技術性怯弱。

第二，**使用技術性怯弱的頻率不能過高，尤其不能在同一個人面前反覆使用**，因為一旦變成習慣，會讓主管或伴侶認為你是一個懦弱的人。在實施技術性怯弱作為權益之計後，要設法解決問題背後的根本原因，不讓類似的情況再次出現。

圖1-17　技術性怯弱的注意事項

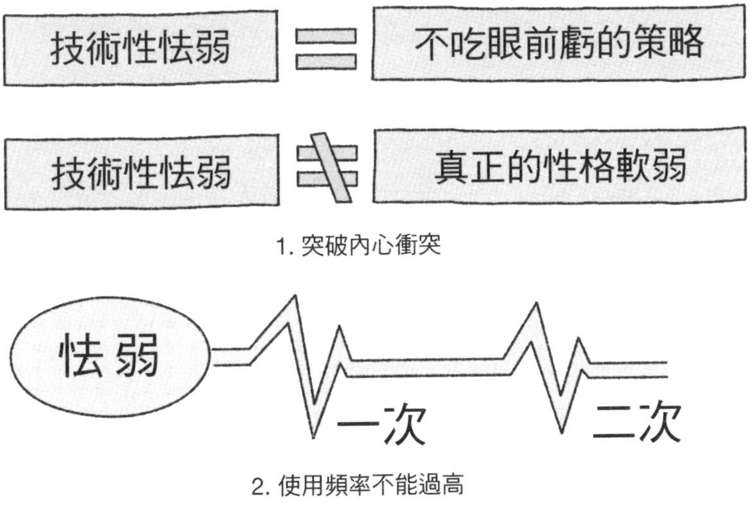

技術性怯弱 ＝ 不吃眼前虧的策略

技術性怯弱 ≠ 真正的性格軟弱

1. 突破內心衝突

怯弱　一次　二次

2. 使用頻率不能過高

提醒

適時地順從對方、實施技術性怯弱，可以緩和對方的怒氣。不過，切忌頻繁使用，否則會失了面子，甚至被人看不起。

現今，顧客變得越來越精打細算。一個成功的行銷人往往不是因為聰明，而是精通行銷中的心理學。因此，本章將銷售技巧結合生動的例子，教你隱藏在行銷中的心理學，讓你學會引導顧客買單的技巧，讓你的行銷之路更加順利。

第2章

從店面到電商，購買欲望就是要這樣挑起

01 辨別3個線索，牢牢把握有購買意願的人

顧客可大致分為3種類型

行銷人經常有一個疑問，那就是如何分辨哪些顧客是真正的金主。一般來說，顧客分為以下3種類型：

1. 想買但不太主動的人。
2. 猶豫不決的人。
3. 沒有要買，純粹只是隨便看看的人。

在這3類當中，行銷人最感興趣的無疑是前面兩種類型的顧客，但在真實的行銷場合中，這種人少之又少。每100位顧客中，可能僅有20位符合這兩種類型。因此，快速且有效地識別他們，對行銷人來說至關重要。畢竟時間就是金錢，唯有把80%的時間投入20%真正有需求的金主身上，才能成為Top1行銷高手。

迅速看清富顧客的購物線索

對於20%有需求的顧客，我們總能從他們身上找到以下3個線索：

1. 語言

第一類想買但不太主動的顧客，**說話頻率一般會比沒有購買欲望的顧客多**，而且因為真心想買，所以他們經常會在銷售員面前提到打折、優惠等關鍵字。

有些顧客甚至早已下定主意購買，卻想從銷售員身上拿到最實惠的價格。因此，這類顧客通常會對產品挑三揀四，甚至誇獎其他品牌，明示或暗示別人的價格更低。

不過，別以為這只是顧客刻薄的表現，當行銷人遇到這種情況時，反而應該暗自竊喜，因為**反覆斟酌產品細節、詢問售後條件、保固期、送貨及付款方式等，都是顧客感興趣的表現**。行銷人只要牢牢把握這類顧客，成交率自然會大幅提高。

2. 微表情或小動作

有些顧客雖然不太說話，但身體往往會出賣他們的內心（註：出自哈利・巴爾金〔Harry H. Balkin〕的《微表情心理學》〔*Micro-expression*〕）。

通常，**顧客的腳尖指向會透露他們對產品感興趣與否**。當對方說價格太高，不願意降價就要離開時，可以觀察他的腳尖是否指向你或商品，若答案是對的，就可以放心。因為這代表對方只是想議價，這時只要給點折扣或稍微降低價格，顧客就會乖乖買單。

另外，有些顧客一開始可能面無表情，但當他看到一件感興趣的商品時，手部動作會明顯增加，鬆開原本抱胸的雙手，甚至用手觸摸產品，以便仔細觀察。此時，行銷人只要適時進一步介紹，成交率將大幅增加。

3. 視線

眼睛是我們的靈魂之窗，不僅如此，視線還可以成為洞察先機

圖2-1　顧客不自覺透露的3個購物線索

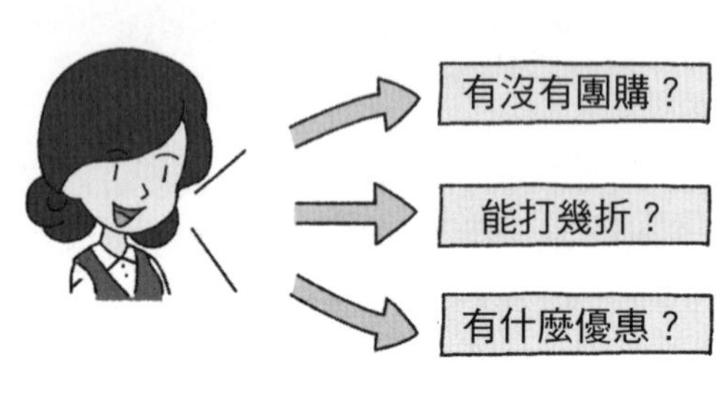

1. 語言

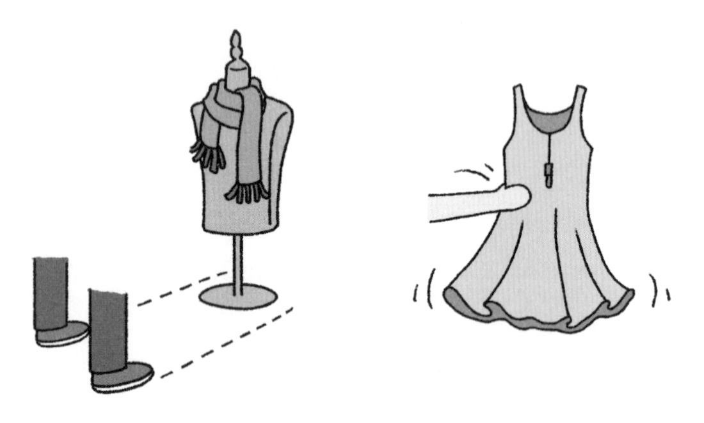

2. 微表情或小動作

3. 視線

的線索。根據統計，**當顧客對產品有興趣時，目光聚焦在產品上的時間會明顯增長**。

銷售員在與顧客對話的過程中，若發現顧客眼神失焦，且不願意與你有目光上的接觸時，就不必在對方身上花太多時間及脣舌。如果顧客眼神真誠，那麼他有很大的機率已經做好購買的準備。此時，你只要安靜且面帶微笑地移步到他身旁，顧客說不定就會向你詢問產品的詳情。如此一來，便可以自然地達成交易。

提醒

顧客從踏進店裡的那一刻起，會不由自主地釋放所有訊號。行銷人可以藉由這些線索，包括語言、微表情和視線，輕鬆看穿顧客是否有購買意願，進而用最小的付出，獲得最大的回報。

02 顧客來店後馬上離開？很可能是店員站姿出問題

行銷人的姿勢是顧客買單的關鍵

在具體的銷售過程中，顧客常常不夠了解產品，這時行銷人需要扮演橋樑的功能。

行銷人的工作，不外乎是透過預測和理解顧客的需求，提出中肯的建議、推薦合適的產品，以滿足顧客，實現成交的目標，促成雙贏的局面。

若有一位顧客向銷售員表明購買意願，但銷售員沒有管理好自己的站姿，而是雙手抱胸、不停跺腳，表現出一副不耐煩的樣子，顧客怎麼可能不被嚇走？

銷售員的正確作法是，在顧客進入店鋪後，**面帶笑容，微微點頭，雙腳腳尖指向顧客，雙手交叉握於腹部**，呈現積極的待客精神與專業形象。

本節將講解行銷人應該保持什麼樣的站姿，以及與顧客保持多少距離，才最容易讓顧客安心購物。

與顧客最恰當的距離是多少？

當顧客沒有表露出想要購買商品時，行銷人盡量不要上前推銷或施加壓力，因為這麼做可能讓對方感到壓力，甚至離開店鋪。你可以稍微移步到店內其他地方，與顧客保持足夠的距離。如此一來，能增加對方瀏覽店內商品的數量，提高他找到感興趣商品的機率。在此同時，你可以用餘光觀察顧客在哪裡駐足較久，預估他可能對哪幾件產品感興趣。

根據美國人類學家愛德華・霍爾（Edward Twitchell Hall）的研究表示，每個人都需要周圍有一個自己能夠掌控的空間，一般隨著國家、成長環境、個性的不同，會略有差異，但通常分為以下4個距離區間：

1. **親密距離**（intimate distance）：0～50公分，通常出現在夫妻、親子之間。
2. **私人距離**（personal distance）：50～120公分，往往表現在朋友、熟人和親戚之間。
3. **社交距離**（social distance）：120～320公分，同事之間通常處於社交距離。
4. **公眾距離**（public distance）：>320公分，用於一般公共場合。

因此，如果顧客一進店門時，你就站在離他3公尺以內的距離，那麼大多數的人會立刻感到不舒服，甚至馬上離開。

最有效的站姿，是並排站在顧客身旁

有購買意願的顧客通常會在光顧店內的商品後，主動向銷售員詢問商品的詳細資訊。此時，銷售員可以走近他身邊，進入社交距離，稍微將身體傾向於顧客，同時預測他的心境，使自己與顧客有所共鳴。

比方說，當一位身穿正式服裝的女性顧客，詢問一件適合10歲

圖2-2 銷售員面對顧客時，最有效的距離及站姿

1. 歡迎的距離

2. 交流的站姿

左右男童的服裝時，你可以面帶微笑地說：「身為做媽媽要上班又要照顧孩子一定很累吧，我家也有男孩，非常理解這種感受。這件衣服品質不錯又耐髒，很適合男孩子穿去上學，而且現在第二件半價。」另外，向顧客搭話時，要盡量以並排的方式站在顧客旁邊與其互動。

為何要並排站立？因為這麼做有以下4個優點：

1. 不需要眼神交流，不易產生對立情緒。
2. 可利用餘光觀察顧客的眼神、肢體語言，了解對方對哪句話感興趣。
3. 能快速擁有朋友的感覺，讓顧客覺得你也站在他的立場，為他挑選商品。
4. 可以有效增加彼此的認同感，當顧客對你產生認同感，會更願意購買你家的商品。

提醒

銷售是一種綜合實力的表現，商品本身的設計、售價、包裝與宣傳固然重要，但銷售員的姿勢與交流時的距離，也發揮著決定性作用。學會本節的方法，在今後的行銷過程中學以致用，便能加速達成你的銷售目標。

03 限時折扣與再來一個，都是利用「損失規避」心理

人類其實不完全理性，都存有認知偏差

心理學家曾設計一套有趣的題目，讓人們根據自己的直覺做選擇，其中一題如下所示：

選項A：100%的機率給你100元。
選項B：80%的機率給你130元，但有20%的機率會一無所獲。

一般情況下，非風險愛好者會選擇選項A。我們再來看看第二道，題目如下所示：

選項A：100%的機率損失100元。
選項B：20%的機率不會損失任何錢，但80%的機率會損失130元。

這時，非風險愛好者普遍會選擇選項B。

在這個心理測試中，絕大多數人的選擇和上述非風險愛好者的選擇相同。其實，略懂機率學的人，可以從期望值的概念中找到真相，透過科學的解釋，發現兩個選項中哪個較好。

所謂期望值，是指一個人估計某目標能夠實現的機率。舉例來說，一個人有20%的機率獲得5萬元，和50%的機率得到2萬元的期望值是一樣的，因為20%乘上5萬等於1萬，相等於50%乘上2萬。

理解期望值的概念後，再回到這個有趣的心理測試，我們就能輕易地洞悉，無論是第一題還是第二題，選項B中的期望值都是80%乘上130元等於104元，大於選項A中的100元。

正因為人類並非完全理性，都存在認知偏差，才會做出與理性完全相反的決策。

以上認知偏差的心理學效應被概括為展望理論（Prospect Theory，也稱前景理論），是由以色列心理學家丹尼爾・康納曼（Daniel Kahneman）率先提出。

利用損失規避的手法獲取利益

那麼，展望理論如何幫助我們做行銷？在展望理論的解釋中，存在一種稱作「損失規避（loss aversion）」的論點，它描述的特點是指**人性對風險偏好不一致，即面對收益時，人們會厭惡風險，但面對損失時，人們則會追求風險**。

為了讓讀者更好理解，不妨看看以下2個典型案例：

1. 翻牌遊戲

在電商購物的顧客，或許都曾在每次要結帳時，收到店家給的翻牌折扣機會。

例如：每次可以在9張牌中翻取3張，以5折的價格購買原價商品，有時甚至只要加1元，就能買下原價100元的產品，但必須在有限的時間內下單並完成付款，否則會失效。

由於許多電商有「消費未滿△△元，就要支付運費」的規則，顧客往往會為了免運費而消費超過規定金額，藉此獲取玩翻牌遊戲

圖2-3 人們面對不同情況時，風險偏好會變動

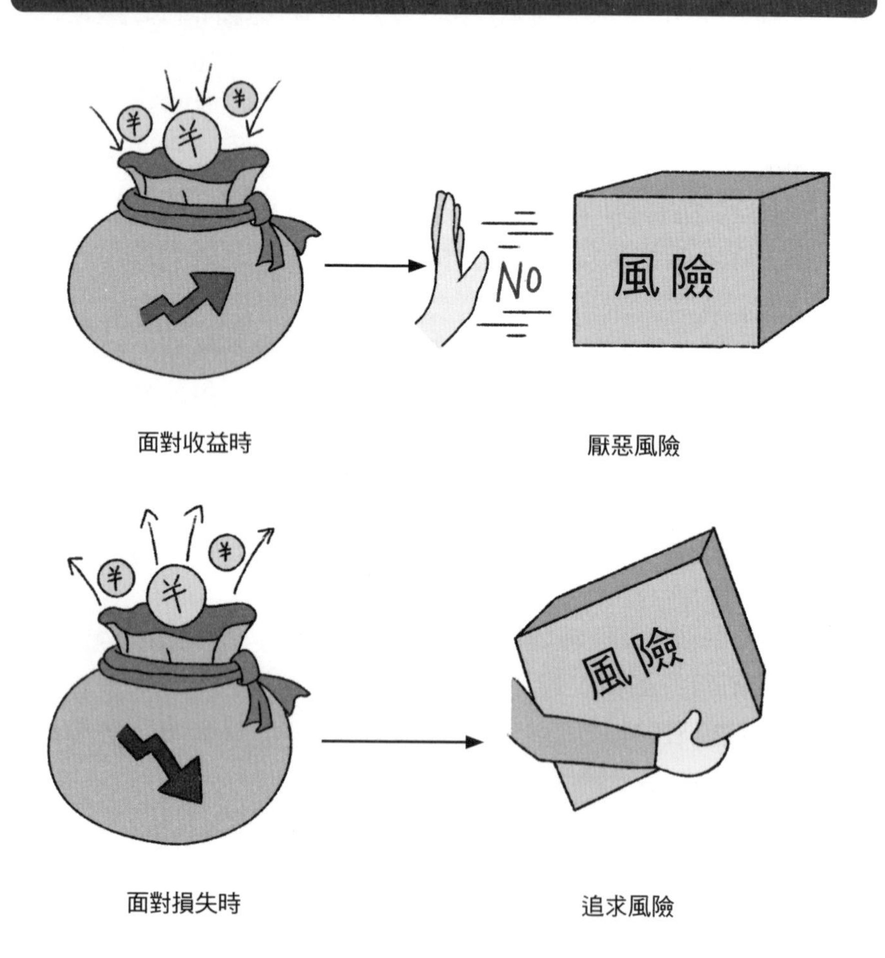

的機會。

其實，在這類遊戲中，存在著顧客不知道的行銷心理技巧。首先，顧客會藉由翻牌遊戲，將優惠商品放進購物車，認為自己已經獲得折扣。但這時，店家會用時間限制你：若不趕快結帳會蒙受損失。

此時，我們會認為自己馬上要吃虧，而感到不甘心，因此為了

圖2-4　運用損失規避的2個行銷手法

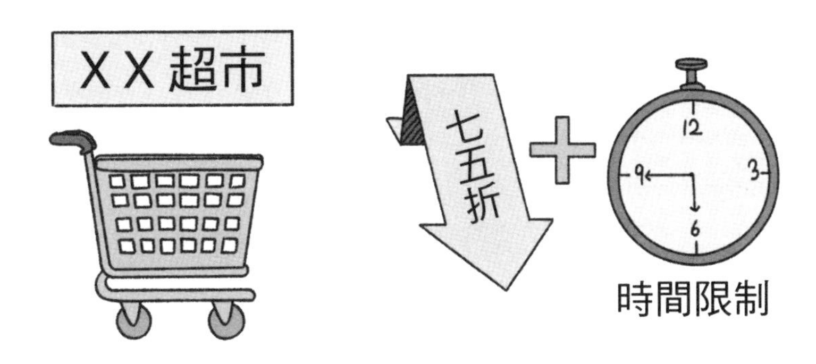

1. 超市限時折扣（規避風險）

2. 再來一瓶（追求風險）

確保自己不丟失這些福利，寧願購買非必要的商品，也要達到免運，確保自己賺到。

只要每次結帳時，能得到一次翻牌的機會，就意味著我們將定期為店家貢獻一筆超過規定金額的銷售額。這種高頻率的行銷手法，怎麼可能不讓店家獲利？

2.「再來一瓶」促銷遊戲

「再來一瓶」是一種屢試不爽的行銷手法。假設某飲料瓶身標示中獎機率為1/6，顧客明知中獎機率不高，但在選擇瓶裝飲料時還是會被吸引，而放棄原本想喝的飲料，改為拿取有這項活動的商品。

其實，面對5/6機率無法獲得第二瓶飲料的不確定性，1/6機率能再來一瓶的展望理論再次發揮威力，讓人們不由自主地和第二道選擇題一樣，選擇追求風險。

市場行銷中存在兩個概念，他們分別是「市場規模」和「市占率」。前者是指市場這個蛋糕到底有多大，後者是指你的產品能獲得多大一塊蛋糕。再來一瓶的促銷遊戲雖然無法使整塊蛋糕變大，但無疑是搶占市占率，獲取更大蛋糕的行銷手法。

提醒

俗話說：「他山之石，可以攻玉。」行銷人學習上述案例，在銷售產品時，運用展望理論策劃類似的行銷活動，讓我們的目標客群在不吃虧、甚至獲益的過程中，貢獻銷售額。

04 別拚命Push商品！4步驟引導顧客主動買單

明明用心介紹產品，顧客卻不買單？

在銷售第一線戰鬥的行銷人經常困惑：我已經把商品的基本資訊和特色向客戶展示得淋漓盡致了，為什麼顧客仍舊沒有購買的意願，有時甚至對自己產生反感或厭惡的情緒？

對於每個顧客來說，行銷人就是陌生人。面對陌生人，每個人都有一道心理防禦。在突破這道心理防禦之前，成功兜售產品的機率極低。那麼，我們要如何跨越這道鴻溝，使顧客信任我們，進而實現銷售目標？

值得借鑑的成單方法

某化妝品專櫃總是無法完成當月銷售任務，因此銷售經理親臨專櫃，指導第一線銷售人員。

某天下午，一名年輕的女性顧客，拿著之前購買該品牌所提供的環保購物袋來到櫃位。銷售經理走向她，兩人展開以下對話：

「我注意到您好像買了一些東西？」銷售經理面帶微笑地說。

「對，這是在隔壁櫃位買的保養品。」顧客回答。

「方便讓我看看嗎？我或許可以告訴您一些保養方法，讓您更好使用。」銷售經理繼續和顧客交流。

這位顧客將產品拿給銷售經理，經理稱讚她的眼光，並傳授一些保養祕訣。接著，經理用不經意地口吻詢問：「您買的保養品有保濕、抗痘的效果，但缺少護膚的功用，我這裡正好有一支試用品，直接送給您吧，價值3千元呢。」

銷售經理一邊笑著，一邊將試用品遞給這位顧客。

對方接過試用品，滿臉笑容地逛了一會兒櫃位後，詢問：「你們這裡有沒有美白精華液？」

銷售經理挑了最貴的美白精華液給她，一邊在她的手部試用，一邊介紹這款產品的特色。沒多久，這位顧客露出滿意的神情，一筆生意就這樣完成了。

用4個步驟，成功引導顧客買單

看完上述案例後，你抓到重點了嗎？其實，銷售經理之所以能引導顧客買單，是因為運用以下4個步驟：

1. 識別目標客群

通常，到百貨公司櫃位看看產品的人很多，真正購買的人卻很少。若顧客手提該品牌的購物袋，代表他認同該品牌，和這樣的顧客溝通很方便，也是銷售員的最佳目標客群。

2. 打招呼連繫到產品上

大家都會說「歡迎光臨」，若是講「請隨便挑選」或是問「您需要什麼」，容易激起顧客的防備，但簡短的一句「我注意到您買了一些〇〇〇」，不僅親切、自然，還能立刻把打招呼連結到產品上，讓顧客在不討厭銷售員的情況下展開互動。

圖2-5　銷售經理引導消費者買單的4步驟

3. 給予和再給予

給予分為兩種，一種是免費給予，另一種是低成本給予。在案例中，銷售經理不但提供專業的保養方法（免費給予），還贈送對方缺少的試用品（低成本給予），因此能激起對方想要回報銷售員的心理。

4. 等待顧客的回饋

在了解顧客的需求和種下互惠種子之後，推薦一支對方在價格上可以承受的產品，使顧客願意購買，最終完成獵頭行動，成功獲得顧客的回饋。

靠著互惠原則的威力，使顧客產生負債感

以上4個步驟，每一步都很有技巧，而第三步是重中之重。

在人類固有的心理特質中，我們總會盡可能以相同的方式，回報別人為自己做的一切。這是因為一個小小的人情所造成的負債感，往往會促使人們用合適的方式，給予對方一個相同甚至更大的回報。心理學家將這種情形，稱為互惠原則（詳細可以參考第1章第3節）。

在上述案例中，熟悉人性的銷售經理提供專業指導，早已帶給顧客一定的負債感，接著又免費贈送一支價值3千元的試用品。即使顧客知道產品號稱3千元並非真的價值3千元，但對於銷售經理這份情感因素，她已經產生負債感，也就是回饋心理。

因此，顧客為了立刻釋放這種負債感，會有很高的機率在能力許可的範圍內，報答銷售經理，這就是互惠原則的威力。

圖2-6　運用互惠原則的過程

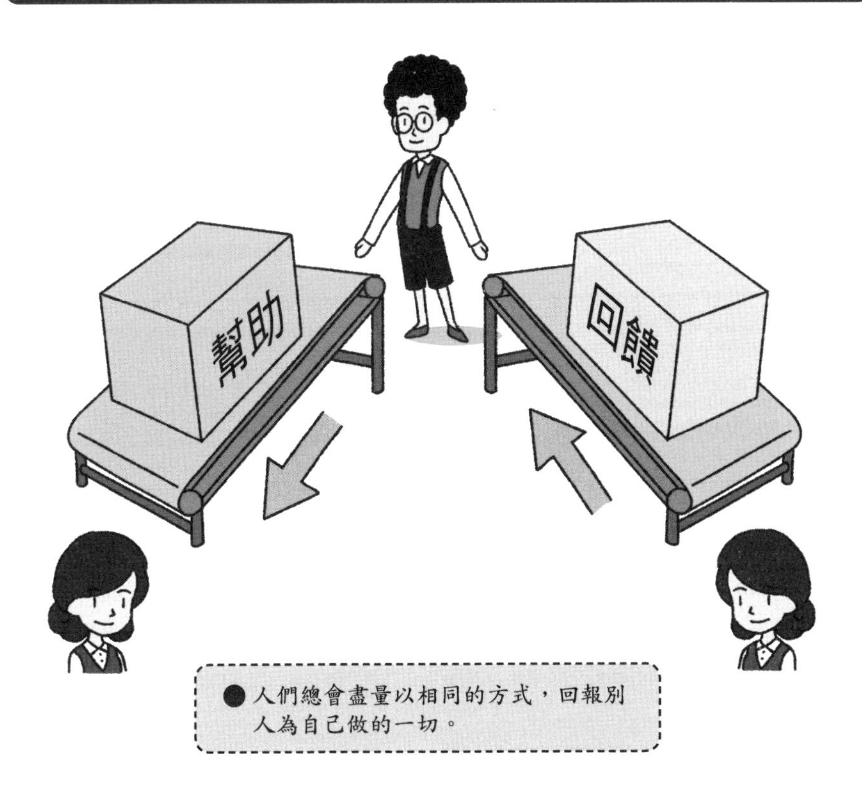

提醒

與其不斷推銷產品，不如設法用閒聊或提供建議的方式，讓顧客卸下心防。

你真心為顧客付出、給予他們想要的東西，一定能激起對方心中的善意，然後再耐心等待互惠原則發揮威力，便能順利成交。

05 故事銷售有2種方法，能提高顧客忠誠度

你可能聽過「鑽石恆久遠，一顆永留傳」這句廣告詞無數次。然而，你可能不知道，在這句廣告詞流行之前，人們結婚送的是花，而非價格高昂的鑽石。為何這顆由碳分子構成的小石頭，可以賣到如此高昂的價格，甚至讓人癡迷？

這其實是行銷故事的力量。在這則故事中，鑽石的行銷人員透過鑽石堅硬的特點，比喻愛情的忠貞不渝，成功洗腦一代又一代的消費者，讓贈送鑽戒成為多數人求婚的必備品，形成一種社會共識，儼然成為行銷界最成功的案例之一。

 好產品＋好故事＝顧客滿意度＋忠誠度

為何故事在銷售的過程中，發揮如此重要的功用？日本新經營之神、7-ELEVEN之父鈴木敏文強調，當代的消費已從經濟學領域進入心理學領域。也就是說，當一個好產品被一個美好的故事包裝後，顧客購買的不僅僅是物質層面的滿足，而是精神層面的期望，是一種體驗甚至是一個夢想。

在無數成功的行銷案例中，我們往往能看到故事的身影。**一個好故事能迅速抓住消費者的眼球，讓他們把注意力放到產品上，再透過故事的渲染，讓消費者產生共鳴與認同**，於是他們會主動上前詢問或購買產品。

這麼做的目的，是藉由消費者心理的代入感，提升他們的滿意度和忠誠度，使消費者一想到某種需求，就會直覺想到你的產品。這不就是所有行銷人想要的結果嗎？

故事行銷的2個方法

既然一個好故事在行銷過程中扮演如此重要的角色，那麼我們該從何處挖掘故事？以下提供2個方法：

1. 從經營過程中挖掘

每個品牌從創立到經營的過程中，都曾經歷各種事情，而其中的事件能體現品牌的價值觀，進而獲得顧客的認同。舉例來說，一講到海爾集團，消費者就會聯想到品質。這和以下這則故事有強烈的關連：

在1980年代，一台800元人民幣的冰箱是奢侈品，相當於一個普通工人兩年的收入。面對倉庫裡76台有品質缺陷的冰箱，有些工人表示可以折價賣給員工。海爾集團創辦人張瑞敏卻說：「我今天若允許出售這76台冰箱，等於允許你們明天再生產760台這樣的冰箱。」隨後，他就宣布砸毀這76台冰箱。

上述這則故事，比起榮獲國家品質金獎這種乾巴巴的介紹，更能打動消費者。

2. 從歷史中尋找

你可能聽過依雲（Evian）礦泉水，但你知道它賣到一瓶大約40元的高價，卻依舊暢銷的原因嗎？沒錯，這是故事行銷的功效。

圖2-7　挖掘故事的2個途徑

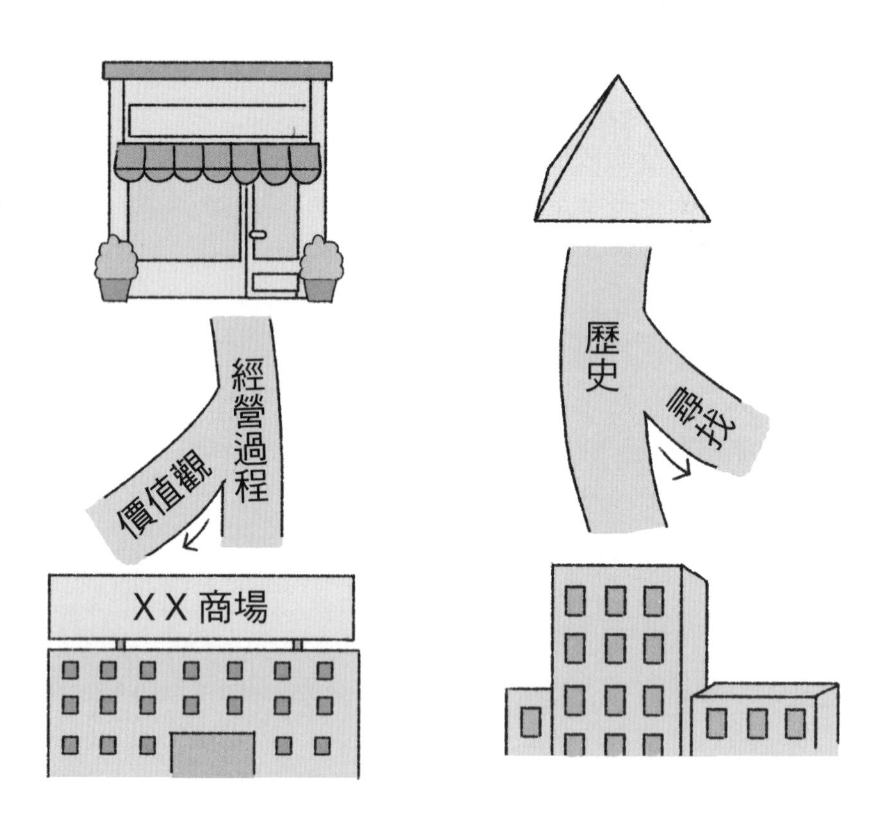

1. 從經營過程中挖掘

2. 從歷史中尋找

依雲的水源自法國的依雲鎮，但依雲鎮不是一個普通的鄉村小鎮，那裡的水曾經治癒過法國大革命時期的貴族。

1789年夏天，雷瑟侯爵（Marquisde Lessert）罹患腎結石，長期受到病痛的折磨。某次，他偶然獲取源自依雲鎮（當時還不叫這個名字）的泉水，飲用一段時間後，便發現自己的疾病竟然奇蹟般地痊癒。

這個消息不脛而走，人們不斷湧入依雲鎮，親自體驗神奇的泉水，甚至連拿破崙三世和他的皇后也對泉水情有獨鍾。1864年，拿破崙三世賜名該鎮為依雲鎮。14年後，依雲水的醫療效果獲得法國醫藥研究會的認可。

在這些故事的加持下，如同貴族般的依雲礦泉水不僅成為身分和品味的象徵，至今更是暢銷全球。

提醒

在物資越來越豐富的年代，想銷售產品就要學會行銷心理學，掌握上述2個故事行銷的方法，讓顧客產生認同，便能迅速打開你的市場。

06 發揮「對比效應」，賣掉你最想賣的東西

隱藏在套餐中的行銷祕密

如果你留意過餐廳的價目表，會發現一個有趣的現象：套餐經常分成3到5個種類。舉例來說，以下為某餐廳的3種套餐：

套餐A：5888元
套餐B：3888元
套餐C：2888元

如果你是顧客，會選擇幾號套餐？多數人會選擇套餐B，而店家往往也是根據套餐B準備食材，因為這個套餐正是老闆最想賣的。假如老闆改變心意，想要主打套餐C，他會怎麼做？答案是刪除5888元的套餐。

事實上，選擇哪一個套餐看似是消費者的自由，但人們總是落入對比效應的心理現象中。商家想讓你買哪一個，他就會透過暗示，讓你乖乖走進他事先設下的行銷圈套中。

人類的感覺經常受到環境影響

所謂對比效應（Contrast Effect），是指**同一個刺激在不同背景**

圖2-8　對比效應產生的視覺差異

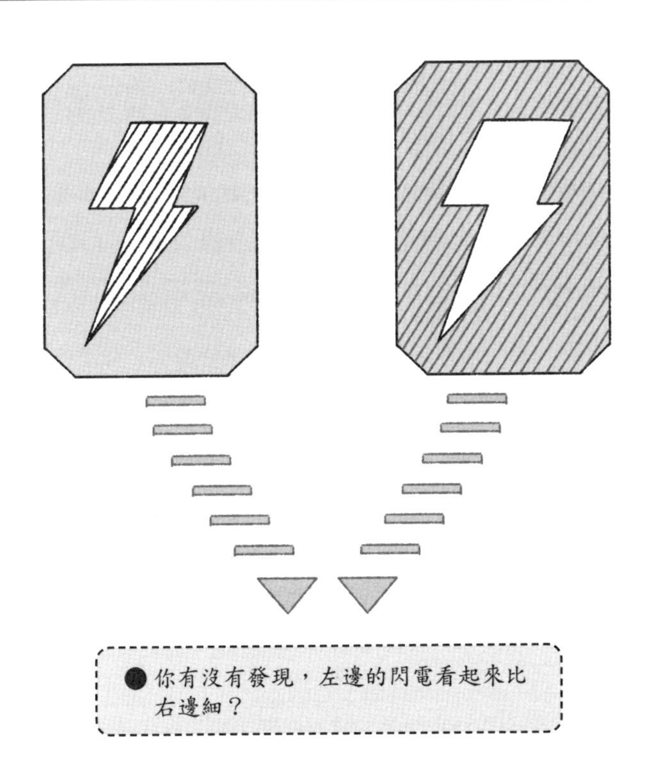

下，對人類大腦產生的感覺差異。

比方說，你是一個新進職員，為了讓主管看到自己的努力，每天最早抵達辦公室、最晚離開公司。而且，只要出現新任務，你都會以積極的態度爭取，並如期完成。

一年過去了，老闆讓你加薪1千元，你非常開心，覺得自己的勤奮和努力受到肯定。然而，你無意間發現，平時辦事最拖拉、工作態度最差的同事A，也被老闆加薪800元，你開始有點不高興。後來，你又得知經常遲到、早退的同事B，和你加薪一樣多，於是非常生氣。

最讓你無法接受的是，平時什麼事都不肯做，只會撒嬌的同事C居然加薪2千元。此時，你心裡開始萌生想離職的念頭。

可見得，**人們的感覺經常受到環境的影響，並非完全準確**。在上述套餐的案例中，正是由於套餐A和套餐C的價格顯示在套餐B的旁邊，才會讓人們感覺套餐B的價格最划算。

這就是行銷心理學中，**制訂價格的6:4:3法則，即當你的訂價符合這個比例時，顧客會選擇中間價位的東西**。行銷人可以設置上、下的對比價格，將最想賣出的商品設在這個中間價位上。

對比效應有2個進階的使用方法

1. 用高價的劣品襯托目標商品

假設你想出售一套價格為2999元的寢具，你會怎麼做？沒有學過對比效應的商家，可能會簡單地寫上「原價6000元、驚爆價2999元」。不過，這個手法早已被消費者識破，甚至讓人覺得商家刻意提高價格。

聰明的作法應該是找一套品質明顯差很多、花色較不符合大眾喜好的寢具，將它放在你想出售的寢具旁邊，並標價3999元。

這麼做的目的不是為了賣這套劣質商品，而是和目標商品形成對比，讓顧客覺得你的目標商品價格親民、品質高級。這種巧妙暗示的行銷技巧，將幫助你虜獲顧客的心。

2. 用不合理的價格襯托目標商品

假如你的商品既有實體，又有虛擬（例如儲值卡），第2種方法會很適合你。標價方式如下：

實體產品：300元

虛擬產品：120元

圖2-9　使用對比效應標示價格，吸引顧客選擇目標商品

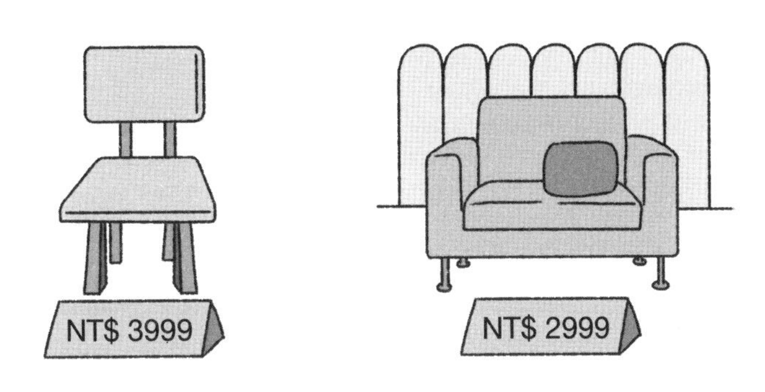

1. 用高價的劣品襯托良品

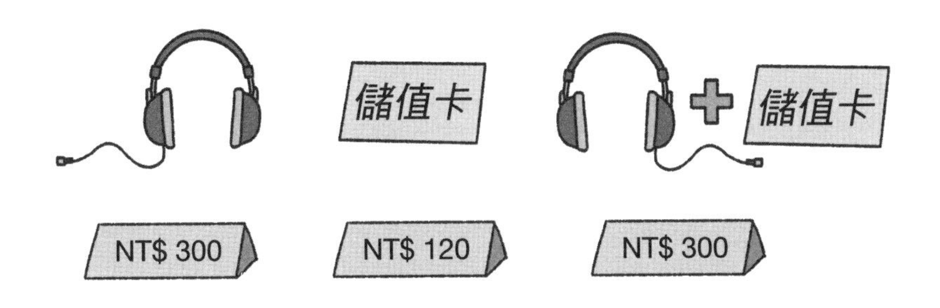

2. 用不合理的價格襯托目標商品

實體搭配虛擬產品：300元

絕大多數消費者一看到「實體搭配虛擬」的價格和實體產品一致，便會毫不猶豫地選擇這項組合。在深刻理解對比效應之前，某家企業的出售方案如下：

實體產品：300元
虛擬產品：120元

7成以上的顧客看到這樣的售價，都選擇虛擬產品，但使用對比效應之後，選擇「實體搭配虛擬」的人數竟然變成7成。不要小看180元的差距，一年下來的銷售差額絕對不容小覷。

提醒

店家一旦採用對比效應來訂價，就能大幅影響顧客的購買意願，甚至可以根據目標計畫，管理自己的供應鏈，進一步降低採購和生產成本，來擴大利潤。

07 想讓人爽快掏錢，感性行銷比理性訴求更有效

人類究竟是感性還是理性？

在具體的行銷活動中，有2種作法曾受到業界的廣泛爭論，那就是：對於取得較高的效益來說，廣告到底要使用感性訴求還是理性訴求？

理性派認為，人類有別於動物的原因，就在於能做出理性的思考和判斷。因此，如果想在廣告上宣傳產品的優勢，應該以理性訴求為最佳策略。然而，人類真的純粹是理性的動物嗎？

人們的感性遠遠勝過理性

2002年諾貝爾經濟學獎得主弗農·史密斯（Vernon Smith）曾設計一個知名的分配金錢實驗。

實驗要求受試者兩人一組，其中一人提出分配100美元的方案，另一人可以選擇同意或不同意，如果方案被否決，兩人便一分錢也拿不到。

如果你是分錢方，會怎麼處理？理性人的作法是將99美元分配給自己，留1美元分給對方，因為對方若是否決，他將一分錢都拿不到。

然而，這個方案被絕大多數人否決，因為具有選擇權的那方，

會為了懲罰貪婪的對方，寧可一分錢也不要。相反地，對半分配50美元的方案通過率最高。

從這個例子，我們很容易看出，在做決策時，大多數人的感性成分往往會壓過理性。以下再舉一個有趣的案例。

 認知印象與身高感知相互影響

眾所周知，一個人的身高在成年後基本上會定型。根據史料，拿破崙的身高介於150～168公分，邱吉爾的身高介於160～165公分。你可能覺得很奇怪，為什麼這些人的身高沒有一個準確的數字？而且這個資料區間差異怎麼這麼大？

昆士蘭大學（The University of Queensland）心理學教授保羅・威爾森（Paul Wilson）曾做過一個有趣的實驗。他向學生介紹一名學者，並請他們估計這位學者的身高，之後保羅教授每次介紹這位學者時，都會變換其社會地位，最後得到的平均數據如下：

學　生	172公分	講　師	175公分
副教授	178公分	教　授	181公分

從資料來看，社會地位只要提高一點點，這位學者的身高就會增加3公分。感性雖然不可靠，但顯然在身高的感知上，它明顯凌駕於理性。

再回到學者的身高為何不是準確數值的問題。由於每個人對他們的認知不同，做出的身高預測自然不盡相同。

拿破崙的爭議無疑最大，他的身高區間相差18公分。與此同時，身高又會反過來決定人們的認知印象。換句話說，身高越高的人，社會地位也相對較高。

在美國財富500強的CEO中，50%以上的人都超過183公分。根

圖2-10　認知印象與身高感知相互影響

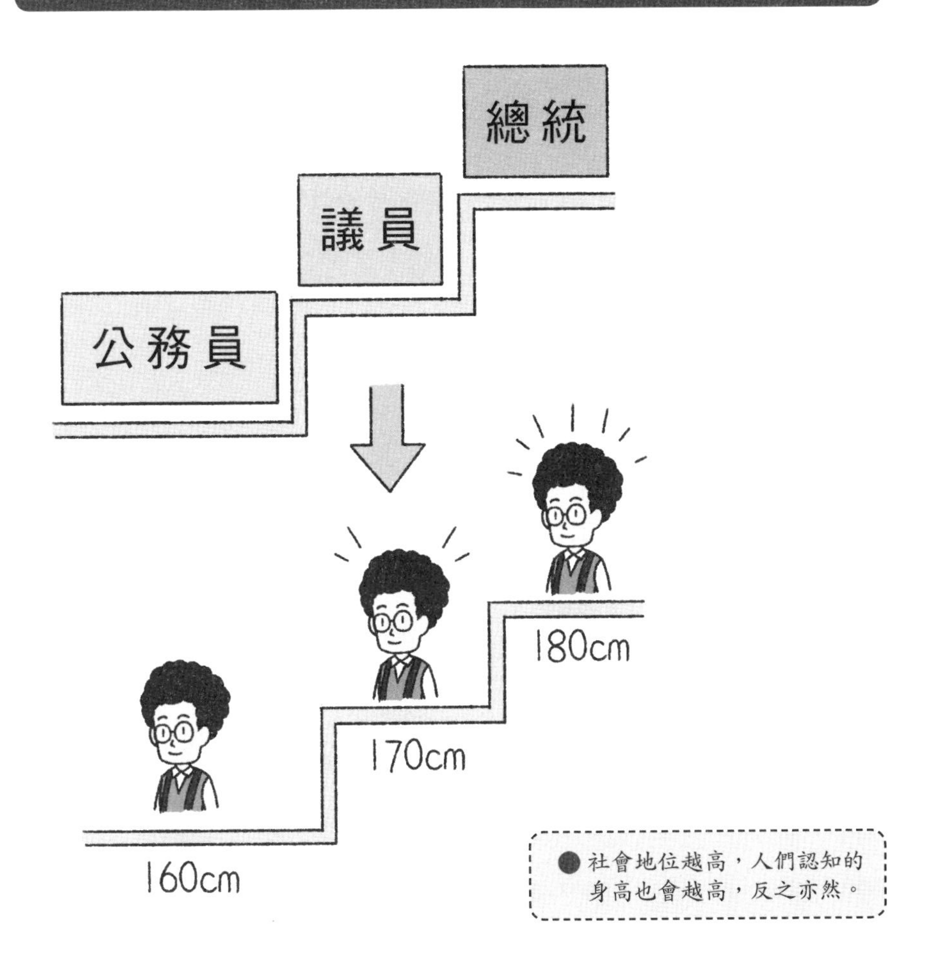

據佛羅里達大學（University of Florida）的研究報告，身高每高1公分，每年可多賺263美元。

美國歷任總統75%以上都高於180公分，甚至在1988年，在老布希與競爭對手杜卡基斯（Michael Stanley Dukakis）的選舉辯論會中，身高188公分的老布希還不忘延長與對手的握手時間，讓全美人民看清楚誰比較高，來行銷自己。

根據統計顯示，在一場總統角逐中，誰的身高越高，當選總統的機率就越高。感性訴求又再次碾壓理性訴求。

 那些年我們追過的廣告詞

回過頭來看行銷的核心——廣告詞，以下6個廣告詞中，哪個令你印象深刻？

1. 滴滴香濃，意猶未盡。（味覺）
2. 牛奶香濃，絲般感受。（嗅覺、觸覺）
3. 只溶你口，不溶你手。（味覺）
4. ○○山泉，有點甜。（味覺）
5. ○○速食麵，好吃看得見。（視覺）
6. 給電腦一顆奔騰的芯，「等登等登」。（視覺、聽覺）

看到以上這些文字，是否使你回想起廣告的畫面？這些令人記憶猶新的廣告，正是運用直觀的感官刺激，和感性訴求為依託，為後人留下津津樂道的行銷傳奇。

提醒

事實證明，人們容易受到感性影響的，而行銷心理學研究的正是如何依據心理學理論，使用一定的技巧和方法說服顧客，實現行銷人推銷自己與產品的目標。

08 懂得賣回憶、希望或概念，就能讓商品變爆款

行銷人要懂得挖掘顧客的真實需求

你喜歡看書嗎？你的書櫃有多少書？你是否發現，自己明明還有很多書尚未讀完，卻仍然不斷購買更多的書？你是否覺得這個行為很詭異？其實，許多人買書不只是為了閱讀，還包含提升文藝氣質的需求。

「購買」這個行為，已成為現代社會的重要活動之一。人們購買產品的動機，並非單純想購買物品本身，而是想要一個憧憬或願望。因此，行銷人要充分挖掘消費者的真正需求，並以此設計行銷方式，進而迅速提升產品的銷路。

除了賣給消費者憧憬和願望，具體上還能從哪些方面著手？以下介紹3個主要切入點：

利用3個行銷手法，輕鬆抓住消費者

1. 賣回憶

有一段時間，青春愛情類的電影是市場寵兒。這些電影基本上都是以校園為背景，講述主角互相糾纏的感情羈絆。為何這類影片的票房總是不錯呢？

經由分析，喜愛這類電影的觀眾以1970年代、1980年代後出生

的人們居多，他們早已離開校園，且具備較強的消費能力，藉由觀看這類影片，觸動埋藏在心底的青澀回憶。

電影的編劇和導演早已精準瞄準這個層年齡的消費者，電影中充斥著目標群體熟悉且喜愛的歌曲，以及當年的重大事件。如此一來，觀眾肯定會買單，電影不賣座也難。

不過值得注意的是，賣回憶同樣存在邊際收益遞減（註：即飢餓時，吃第一個饅頭的效用最高，第二個次之，其後則逐漸遞減）的問題。當市場充斥同類產品時，回憶的坑洞已被填滿。此時，商家不妨切換新的著眼點來設計產品，才能取得較佳的成果。

2. 賣希望

隨著家長越來越重視孩子的教育，許多教育產品不斷映入家長眼簾。我們可以在知名文教機構的宣傳和實際操作中，看見賣希望的暗示。

舉例來說，英語補習班總會在推廣文宣中，印上有多少學生成功進入名校。又如，不少兒童實作班的宣傳海報中，會出現學員參加國際比賽的場景。

這些以「潤物細無聲」為目的的手法，讓家長們覺得孩子在這樣的環境中學習和薰陶，必定收穫良多。在猛烈的「希望」攻勢之下，父母自然趨之若鶩，紛紛報名。

其實，家長們何嘗不知道，就算書讀得再好、學習的知識再多，畢業後進入社會，不是光靠一張好文憑，就能在社會的競爭中出類拔萃。但正因為行銷做得妥當，讓家長們心懷憧憬與希望，即使補習費再貴，也願意為了孩子付出。正如某些廣告詞所說：「○○○，您值得擁有。」

圖2-11　3個幫助你銷量暴漲的行銷手法

3. 賣概念

銷售概念做得最成功的行業，非電子產品企業莫屬。當年大家都在使用高速晶片時，雙核概念一出，消費者便紛紛升級自己的硬體。即使我們認為自己的顯示裝置已經很不錯了，但IPS螢幕、178度可視範圍問世，我們又覺得自己的螢幕落伍了。

之後陸續湧現的Retina顯示器、智慧語音助手、指紋解鎖等等，都讓消費者拋棄手中的設備，這就是概念式行銷的手段。

賣概念可說是教育消費者的技巧，同時說服他們：如果你缺乏這種概念的商品，代表你早已落伍。如此一來，消費者自然會紛至沓來，產品的銷量也會大幅提升，你的行銷方案自然會大獲成功。

提醒

購買是一種假想，你賣的不是商品本身，而是隱藏在商品背後、能滿足顧客內在需求的特點。行銷人應設法挖掘顧客的需求，根據這些特點調整產品、重構行銷方案，讓產品銷量暴漲、變成爆款。

09 行動商務時代，「研討會行銷」是新趨勢

成為行動商務時代的銷售高手

在商品種類繁多的今天，店鋪內的商品轉化率已經越來越低。行銷人苦苦思考，希望找到可以提高轉化率的方法。

在行動商務時代，研討會行銷是效率極高的行銷模式，因為它能夠找到精準的目標客群，讓顧客在會議上了解並體驗產品，然後行銷人再運用技巧，成為銷售高手。

落實研討會行銷的4個步驟

1. 精準鎖定目標客群

這一步雖然簡單卻是關鍵，因為任何產品都需要找到精準的用戶，摸清他們在意的地方，例如：求職類教學產品的目標客群是大學生及職場新鮮人，他們在意的是如何寫出好的履歷，或是面試時該如何回答。一旦找到他們，便可以接著實施步驟2。

2. 用特定字眼誘惑新客戶

二流的行銷人會用贈品招攬新客戶，一流的行銷人則會用免費吸引新客戶。不過，這種免費不是直接給予，而是採用以下方法實現零成本招攬，具體方法如下：

在研討會的廣告中，將入場票的價格做以下安排：

A款早鳥票250元，限量10名。
B款普通票500元，限量50名。
C款VIP票1500元，位於前排，限量20名。
D款志願票免費，限量10名。

其實店家原本的目標可能只是邀請20至30人，但藉由上述4個票價的安排，新客戶會期望免費進入研討會，甚至因為「限量10名」這個字眼而抓緊報名。

這個步驟是運用什麼原理？除了本章第6節提及的對比效應之外，稀缺效應（Scarcity Effect）在這裡發揮了極大的效用。正如俗話說的「物以稀為貴」，稀缺效應就是提高顧客消費欲望的現象。不論是飢餓行銷還是限量販售，都是稀缺效應的實際體現。

在活動邀約的過程中，人們藉由對比，發現早鳥票和志願票是物美價廉的票種。限量遏止消費者拖延的情緒，激發有需要的人迅速下單，以實現免費甚至獲利的目的。

3. 讓客戶分享體驗後的感受

行銷人邀請目標客群進入研討會後，讓他們體驗產品，並請他們分享產品如何改善或解決自己的問題，讓新客戶藉此和其他與會者交流。

為何要安排這個環節呢？我們以前講過，人類有認知不協調的心理機制，即人的認知、行為、情感要一致，才不會使內心產生衝突。透過分享體驗，人們會在思想上認同產品。由於能解決自己在意的問題，便會喜歡上該產品。

圖2-12　稀缺效應呈現的現象

4. 誘導顧客下單

做好前3個步驟後，就只剩下臨門一腳。這時，我們還要再給消費者一點動力，請看以下案例：

研討會的主持人宣布：「今天大家的參與度非常高，所以我們決定，現場購買原價1萬5千元的產品，可降價至1萬元。前10位購買者還可以再折扣1千元，第10到20位則是折扣500元。」

主持人一說完，顧客便立刻上前購買，因此帶動更多觀望者搶購。如此一來，一場短短2小時的研討會產生了龐大的收入。

你發現這個策略的精明之處了嗎？現場折扣的手法是運用第3

章提及的損失規避。前10名到20位購買才有優惠，則是稀缺效應的技巧，目的是透過從眾行為促使觀望者放下猶豫，盡快購買（從眾行為的詳細解說請見第3章第4節）。

提醒

從本節提及的研討會行銷4個步驟，我們可以看到，只有結合必要的心理學效應，邀約才能變得更加順利，銷售也能變得更有節奏和效果。

10 3 招破除謠言，打贏企業與媒體的心理戰

在現實生活中，媒體曝光無良企業，揭露企業為了獲利而採用低級手段，欺騙或危害消費者權益，是一件令人拍手稱快的好事。然而，總有一些媒體做過頭，為了提升知名度，將未經考證或缺乏證據的不實消息公諸於眾，使該企業蒙受損失。

曾有某超市連鎖店，被媒體揭露銷售過期食物的醜聞，導致銷售量急劇下降。這時，行銷人如何做好危急時刻的公關，和媒體打一場漂亮的心理戰？

破解不實謠言有3招！

1. 提出有邏輯又幽默的說法

麥當勞曾被這樣的不實謠言毀謗：麥當勞漢堡裡的牛肉是用蚯蚓製成的。這個驚悚的消息沒多久便傳遍整個街頭巷尾，導致麥當勞的銷售額受到嚴重影響，即使高層不斷否認也毫無效果。

對於如何反擊無憑無據的謠言，麥當勞一籌莫展。然而，當時的執行長雷・克洛克（Ray Kroc）只用一句有邏輯又幽默的說法，便成功瓦解這場危機。

雷・克洛克說：「你們或許不知道，麥當勞其實負擔不起蚯蚓的成本。牛肉一磅大約1.5美元，蚯蚓一磅則高達6美元。如果有人說他們賣蚯蚓漢堡，你得小心他偷偷放了牛肉。」

結果，這句話立刻成為當年的話題，關於麥當勞用蚯蚓肉製作漢堡的謠言最終也不攻自破。

2. 改變營運流程

某知名連鎖火鍋店被報導為了節約成本，回收使用顧客吃剩的火鍋料。這又是一件怎麼解釋也拿不出有力證據來反駁的難題，難道企業只能眼睜睜看著日益下滑的營業額卻手足無措嗎？顯然不是。這家火鍋店的管理階層召開會議，從眾多創意中總結一套改變流程的方法，具體措施如下：

改進前：顧客結帳後，服務員先在廚房拆開火鍋料的包裝，再端到顧客面前。

改進後：顧客結帳後，服務員將包裝完好的火鍋料拿到顧客面前，當著顧客的面拆開包裝。

這間火鍋店只是改變一個小小的流程，便成功洗刷冤屈，坊間流傳的謠言便再也站不住腳了。

3. 親自驗證

有時，企業無法在第一時間想出有說服力的反擊之言，也無法從流程上做任何改進，這時該怎麼辦？答案是親自驗證。只要企業的產品品質優良，就能採取親自驗證的手法，向大眾表示謠言只是不可信的謊言。

如果你的產品是民生消費用品，那麼自家員工使用便是最有力的說明。曾有一名賣空氣清淨劑的老闆，對自家產品的安全極有信心，當著眾多記者的面將它喝下肚。由於人們總是願意相信具有衝擊力的案例，因此親自驗證不但能打破謠言，還增加企業的知名度和聲譽。

圖2-13　運用3種技巧破解不實謠言

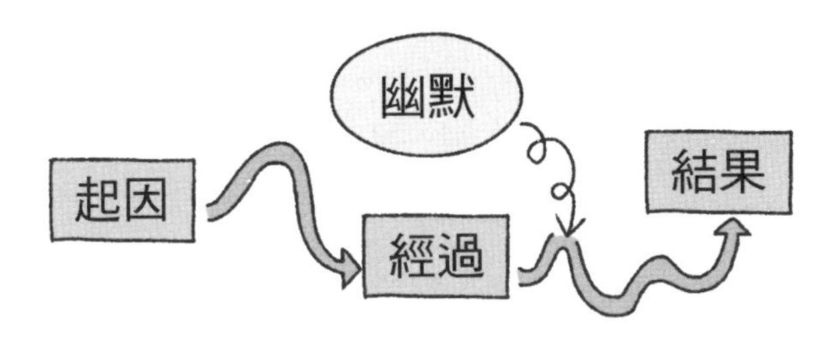

1. 有邏輯又幽默的說法

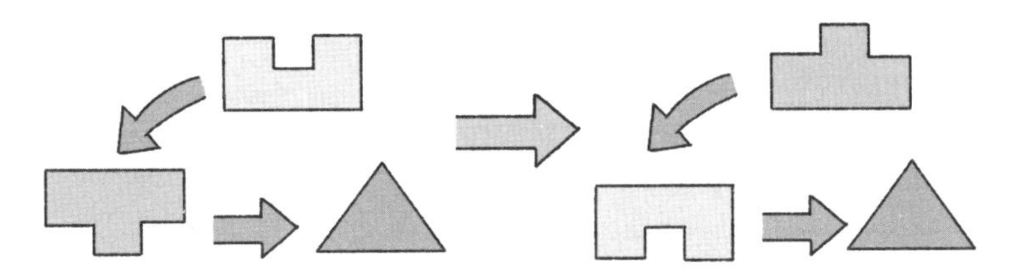

2. 改變營運流程

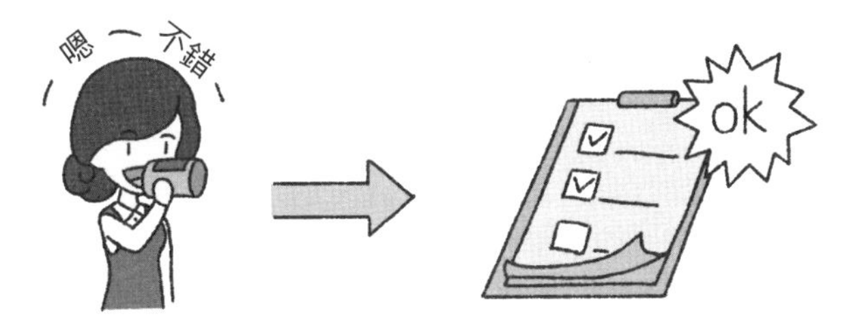

3. 親自驗證

提醒

企業面對不實謠言時，容易手足無措，不知如何應對。這時，若能善用本節的3招破解不實謠言的技巧，便能化險為夷，成功拆穿無憑無據的謊言。

身為行銷人，你還認為消費者至上嗎？還在看顧客的臉色嗎？若與消費者的交涉是一場戰爭，那看穿他們的心，便是在這場戰爭中勝出的關鍵。

第 3 章

最強說服術，引導顧客走完購物流程

01 操作「登門檻效應」，讓顧客逐步接受提案

在銷售過程中，不成熟的行銷人總是希望客戶迅速下單，好讓自己用最快的速度完成銷售任務，卻經常發現事與願違。那麼，這些銷售冠軍到底是如何讓客戶願意乖乖買單？他們手中到底握有什麼訣竅？

 讓消費者難以拒絕你的2個步驟

經驗豐富的銷售員，往往能在無數的實踐中總結方法、累積經驗。這就是他們出奇制勝的利器，而這項武器僅分為以下2個步驟：

1. 先提出小請求

首先，你要向顧客提出一個容易完成的小請求。例如：完成一份簡單的問卷、參加一場小型活動、掃二維條碼，或是追蹤店面的社群網站。

2. 接著提出較大的請求

等顧客完成你先前提出的小請求後，必須真誠地感謝他，然後再提出較大的要求。例如：填完問卷後，讓顧客下載公司的APP、參加小型活動時推銷產品、讓追蹤社群網站的顧客參加團購活動。

假如你有跳過第一個步驟的經驗，可能會好奇為何直接實施第二個步驟的效果會比較差？這時，我們必須討論人類的心理特性——登門檻效應。

 使用登門檻效應的2個注意事項

登門檻效應（Foot In the Door Effect）是一種說服他人同意特定行為的策略，意指對方一旦接受你的小請求，之後會為了避免自己給人的印象前後不一，於是進一步接受更大的請求。猶如登門檻一般，要一階一階循序漸進地登上，而到達高處。

這個效應最早由1966年的一個心理學實驗提出。當時實驗負責人是美國社會心理學家喬納森．弗里德曼（Jonathan Freedman）和史考特．弗雷澤（Scott Fraser）。他們要實驗者隨機訪問一些家庭主婦，並請求她們在自家的窗戶上掛一塊小招牌，大部分的主婦們都愉快地答應了。

一段時間後，當他們進一步請求將一塊又大又醜的招牌，放進主婦們家中的院子時，將近50%的主婦同意這個要求。反之，另一批實驗者直接請求另一批不同的家庭主婦，在院子裡擺放又大又醜的招牌，結果遭到超過80%的婦人拒絕。

由此可見，第一階段的鋪陳（小請求）對第二階段的真實意圖（大請求）有多麼重要。值得一提的是，在使用登門檻效應時，有以下2個注意事項：

1. 小請求和大請求之間的時間不宜間隔過長，以免被遺忘。
2. 小請求和大請求之間的程度差距不宜過大，例如：請主婦放一塊小招牌後，要求她們把房子賣了。

圖3-1　登門檻效應要一步步循序漸進地登上

 如何實踐登門檻效應，讓顧客接受你的提案？

曾有一家賣大閘蟹的店家，無論是店內裝修還是人員的工作技能、服務態度都不錯，但銷售額始終上不來。

某次，一位精通行銷心理學的朋友，建議老闆把展示大閘蟹的水箱，從餐廳的入口處搬到後堂。別看這個微乎其微的改變，雖然它幾乎沒有花費任何成本，但使來客量大幅增加，讓銷售額暴增。

原理揭秘：在店家做這個更動前，顧客可以自己看到大閘蟹的情況，很多人走馬看花一番便離開。但是更動後，給了店員提出要求的機會，店員會先向顧客提出一個小請求：跟我一起去後方看看我們的大閘蟹。

顧客一旦答應店員提出的要求，為了在認知上與之前答應的回覆一致，只要價格不要太離譜，顧客就會下意識選擇留在該店消費。

提醒

行銷中有許多心理學招式，其中較容易實踐、效果良好的登門檻效應，是行銷人可以迅速掌握並投入的初級技巧。使用者需要做的是設計程度不同的兩種要求，用合適的方式向顧客發出請求。如此一來，提升銷售額便指日可待。

02 議價時「高開低走」，客戶不好意思拒絕成交

利用對方的罪惡感實現目標

當顧客確認自己的購買意願後，會進入議價階段，而議價是決定一樁生意是否能夠獲得可觀利潤的重要過程。因此，如何爭取最大限度的獲利空間，是每位行銷人必學的技巧。

在所有議價流派中，有一種方法非常實用，那就是「利用對方的罪惡感實現目標」。

讓人難以拒絕的技巧：高開低走策略

在議價之初，要設定一個自己可接受的目標價，但報價時要提高價格，然後慢慢退讓，使對方在過程中不忍心拒絕。最終的**成交價只要比之前設定的目標價來得高，高開低走策略即宣告使用成功，而多出來的價差則是你額外的收益**。

舉例來說，你是一位油畫賣家，收購一幅價格5萬元的油畫。之後你可以報價30萬元，當發現顧客感興趣時（可以結合第1章觀察客戶的瞳孔是否擴張，來判斷其感興趣的程度），再適當地鬆動價格，最後很可能以10萬到15萬元之間的價格成交。

運用高開低走策略時，需要特別注意以下2點：

1. 採用這項技巧的產品，價格不能太過公開、透明，否則客戶只要在網站上一查，就知道市場上的價位。
2. 鬆動價格時，千萬不能太爽快，要以十分痛苦的表情配合價格的下跌，最好附上一定的交換條件。舉例來說，你可以說：「您要介紹更多的朋友來光顧」或「今天要把所有款項付清」等，讓對方覺得自己這筆買賣沒有吃虧。如果別人一還價，你就立刻握手成交，客戶心裡肯定有受騙的感覺，更何況成為回頭客。

高開低走策略原理篇

心理學家分析，在高開低走策略中，先開很高的價格，再慢慢降低，之所以能讓對方不忍心拒絕，是因為在拒絕前一個較高的價格後，議價者內心會產生他人已經退讓的愧疚和罪惡感。為了彌補這種愧疚、罪惡的情緒，以達到內心的平衡，會比較能接受之後慢慢降低的價格。

這個策略在某些心理學領域也被稱為「以退為進策略（door-in-the-face technique）」（註：出自豐田裕貴、坂本和子合著的《從零知識開始的暢銷消費者心理學》）。

在上述案例中，由於顧客認同油畫的價值，只是想以較優惠的價格成交。因此，當他拒絕30萬元的高價時，賣家只要緩慢地鬆動價格，逐漸使顧客產生愧疚和罪惡感，顧客就會變得好說話，最終促成交易成功。

高開低走策略實踐篇

除了在議價場景使用之外，還能在哪些場合中利用對方的罪惡感，達成我們的行銷目的？

圖3-2 運用高開低走（以退為進）策略達成交易

● 消費者拒絕你先前刻意開的高價後，會產生愧疚感，便有機會接受之後慢慢降低的價格。

1. 借錢

人難免有需要應急的時候，直接向別人借10萬元可能會遭到拒絕。不過，如果先要求借100萬元，遭到婉拒後再要求借10萬元，就比較容易實現目標。

2. 安排加班

在人情味較重的企業中，安排加班是一件難事。直接要求部屬週末放棄家人團聚時光來公司加班，很可能會碰壁，但如果先要求週末兩天都要到場，被部屬告知有些困難後，再使用高開低走策略，表示只要任意選一天前來加班就好，那麼部屬往往會不好意思再次拒絕。

3. 請假

如果請假3天的成功機率較低，可以嘗試先向老闆提出5天，若遭到拒絕，再說自己能壓縮時間上的安排，以爭取請假3天來處理事情。如此一來，會大幅提升成功請假的機率。

提醒

俗話說：「人之初，性本善。」在拒絕他人時，或多或少都會存在罪惡感。只要行銷人善加利用高開低走策略，就有機會獲得更多利潤。當然，我們也可以根據實際情況做變化，透過實踐來增加策略的合理性，進而爭取更多利益。

03 為何「低飛球技巧」可以使客單價提高？

顧客不是想買便宜，而是想占便宜

行銷心理學在一定的程度上，是利用人類心理上的弱點，攻克消費者的心，使他們將注意力聚焦到產品上、深入了解商品，再藉由各種形式說服他們最終做出下單的決定（註：出自德魯・惠特曼〔Drew Eric Whitman〕的《懂顧客心思的話術最好賣》）。

愛占便宜是人性的特性之一。蘋果創辦人賈伯斯（Steven Jobs）曾經深入洞悉消費者的心態，一語道破天機：**消費者並非想買便宜，而是想占便宜**。

占便宜其實和性價比是同一個概念，當消費者接觸某項商品時，往往會與其他類似的產品做比較。因此，**占便宜是藉由比較而來**。由於產品的種類和型號不同，有些地方沒有顯著的可比較性，因此價格就是消費者率先關注和比較的關鍵指標。

理解消費者購買動機中存在占便宜的心態，以及如何透過價格指標尋找占便宜的心理後，我們該如何把它變成可操作的方法？

低飛球策略的原理

你是否注意過，在網路商城裡搜尋一件商品，例如一台平板電腦，結果搜索出來的價格比同類商品便宜不少。

圖3-3　運用低飛球策略，最終以高價成交

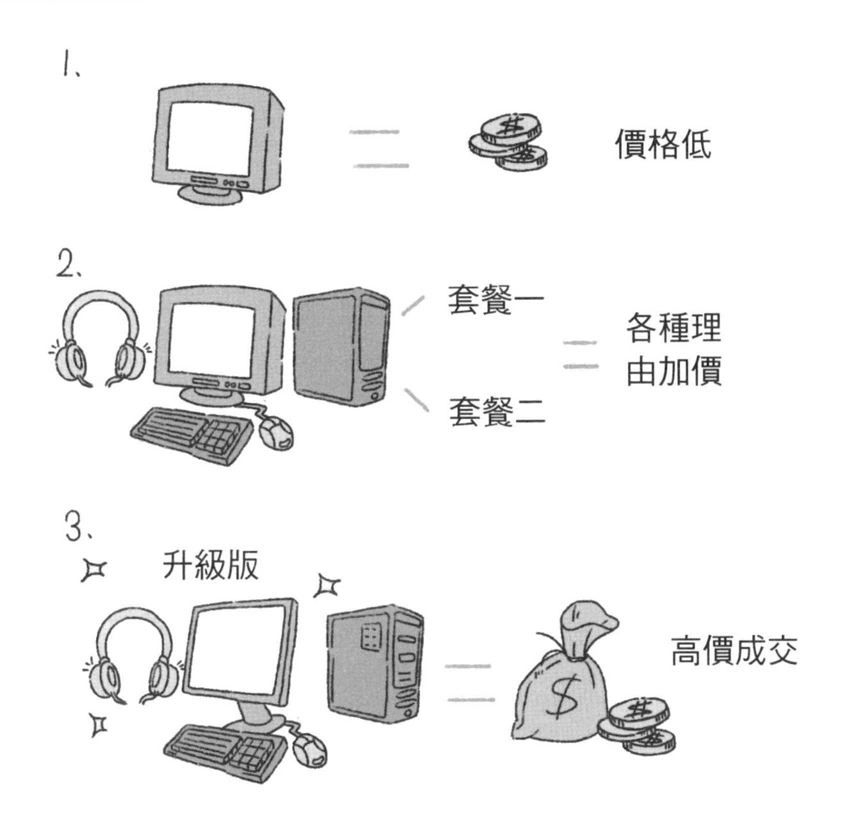

這件事開始引起你的興趣，促使你點進去一探究竟，當你詳細閱讀產品介紹時，才發現價格便宜的原因是產品早已落伍，或者必須再選購其他設備，結果組合後的價格也隨之變高。

這就是典型的低飛球策略（Low-balling technique），也稱作事後變掛法，是一種來源於社會心理學的技術。**最早的低飛球策略是由銷售員虛報一個低價，當顧客同意購買時，再用種種理由加價，使最終以高價成交。**

如果一開始就以最終價格向顧客報價，對方往往無法接受。舉

例來說，一輛汽車報價50萬，客戶同意購買後，銷售員便立刻告訴他：「這是最低配置，基本上還要加裝ABS系統、安全氣囊等配件。」結果，最終以80萬元的價格成交。假如起初就將價格定在80萬元，恐怕無人問津。

低飛球策略的2個步驟與特色

透過上述的解釋，我們知道低飛球策略的特點是藉由低價，讓顧客覺得有便宜可占，從而吸引他們關注，再透過圖文介紹或銷售員推銷，來提高成交量。

想要好好運用低飛球策略，最好按照以下2個步驟執行：

1. 提出一個小請求，例如報一個低價。
2. 立刻提出一個大請求，例如報更高的價格。

低飛球策略成立的關鍵，是因為人類認知協調的一致性，消費者第1次的同意會大幅增加第2次同意的機率。這和本章第1節提到的登門檻效應類似，都是採用兩步驟漸進策略。

不過，兩者的區別在於，**登門檻效應的2個請求之間需要一定的時間區隔**，而**低飛球策略是一個請求緊接著另一個請求**。另外，登門檻效應的2個請求之間沒有太大的關聯，而低飛球策略則相反。

提醒

價格戰不是持續經營的良策。行銷人唯有洞悉顧客的心，迎合占便宜的心理需求，設計合理的行銷策略及流程，並且運用無往不利的低飛球策略，才能打贏這場心理戰。

04 打造熱銷商品有3個階段，從定位、排隊到搞話題

行銷是一場心理戰

多數成功的行銷背後都存在一個偉大的戰略家，他們雖然不是心理學出身，卻用自身在市場中的實踐經驗，深刻洞悉消費者的心理，規劃一幕又一幕令人拍手叫好的行銷場景，有些甚至可以被列入商學院的經典案例之中。

那麼，這些經典的戰略是如何被策劃出來，以及其心理學原理有哪些？下面將詳細剖析其中的典型例子。

暢銷商品背後的祕密

2017年，中國飲料店「喜茶」爆紅，它雖然只是在傳統飲料的基礎上做了些微的創新，卻因此暢銷，以至於店家不得不採取限購2杯、實名登記等措施。

在實施這些措施後，有網友調侃：「第一次聽到買飲料也要實名制」、「再這樣下去，要繳滿5年社會保險才能買奶茶了」。這些調侃成為民眾的話題，使喜茶的單日營業額一度來到5萬人民幣，比一般的飲料店高出數倍。

那麼，在這個電商崛起、實體店落沒的時代，喜茶是如何一步步成為熱銷商品呢？

 只要3步驟，就能成為熱銷商品

1. 找到自家品牌定位

除了保證口感不能失分之外，價格的定位也會影響品牌。喜茶有別於一般飲料市場的平民消費，以一杯20人民幣到30人民幣的訂價，找到屬於自己的定位和生存空間。

在消費心理學中，有一個稱作韋伯倫效應（Veblen Effect）的定律，是由美國經濟學家韋伯倫（Thorstein Veblen）於1899年提出。**根據韋伯倫效應，一件商品的訂價越高，越有機會受到消費者的青睞，因為人們內心存在揮霍和炫耀的消費心理。**

尤其在網際網路發達的今天，總能看到人手一杯星巴克，有時還會在社群網站上發出對小資生活的感慨。

2. 主動製造排隊人潮

喜茶的店面總是設在人潮眾多的商圈，而且經常選擇較小的店面。這種狹小的空間，又設立在人潮眾多的商圈內，必定會造成排隊的現象。

再加上，他們的目標客群多數是充滿好奇心的年輕人，他們經常對大排長龍的店家感興趣，因此開始關注，甚至到處傳遞訊息，替店家帶來更多好奇的顧客。如此一來，喜茶店門口自然門庭若市，人人紛至沓來。

原理解析：從眾行為（Herd Mentality）是行銷人常用來吸引消費者的心理學原理。**它是指個體在群體中容易在知覺、判斷和認識上受到影響，開始懷疑並改變自己的觀點或行為，表現出符合公眾或多數人的行為模式。**

例如吃飯時，人們大多會挑選人多的餐聽；網購時，消費者傾向於按照銷量排序來選購商品。以喜茶來說，消費者看見門口的隊伍，便會為了買2杯飲料，即使排隊50分鐘也在所不惜。

圖3-4　韋伯倫效應認為人們內心存在虛榮心與炫耀性

●一件商品的訂價越高，越有機會受到顧客青睞，因為人們內心有揮霍和炫耀的心態。

3. 促使消費者免費宣傳

隨著時間的推移，排隊購買的盛況往往無法長久維持，當人們的好奇心逐漸被滿足後，如果沒有給予新的刺激，銷量就會趨於下滑，最終穩定在某個水平。

然而，喜茶的老闆無論是刻意為之還是碰巧走運，限購2杯的政策一出，自媒體、網路爭相撰寫文章。這麼做無疑是進一步幫喜茶宣傳，助長日銷千杯的神話。

原理解析：病毒式行銷（Viral Marketing）是口碑行銷的一

種，**它是利用公眾的積極性與人際網路，使行銷資訊如同病毒一般傳播和擴散的行銷方式**。

在喜茶的案例中，由於人們對於限量這個字眼產生強烈的好奇心，因此在網路上討論並互相分享資訊，使其成為熱門話題。結果，喜茶在沒有花費任何廣告預算的情況下，吸引了大量的消費者。

提醒

喜茶從訂價到選址、製造排隊到廣告，讓我們看到即使在實體店面大蕭條的今天，透過戰略家的心理戰，依舊有機會把產品打造成暢銷品，把「生意難做」轉變成「沒有難做的生意」。

05 內心強大與專業穿著，讓行銷人說服力十足

內心強大的人更有說服力

很多時候，行銷人行銷的不是產品而是自己。大多數人都喜歡聽從內心比自己強大的人，事實也表明，內心強大的人比普通人更具說服力。

這裡的強大不是指肉體強壯，而是指在各種場合都能老神在在、應變自如的人。因此，如何成為這樣的人是行銷人的精進方向。那麼，如何成為一個內心強大的人？本篇將從心法和技巧解說，希望能幫助讀者。

陷入負面情緒時，遵循3個心法

人類很容易陷入負面情緒中，一旦被恐懼、不安、不確定等負面情緒控制時，便難以表現出自信或內心強大的一面。

因此，發生這種情形時，可以提醒自己遵循「未來不迎、當下不雜、過往不戀」3個原則，發揮自己的實力，同時展現自己的信心，以增加說服力。以下詳細介紹這3個原則：

1. 未來不迎

著名的自媒體人羅振宇曾經舉過這樣一個例子：如果地上有一

個寬50公分、長500公分的通道，你一定走得過去，但如果通道兩邊都是懸崖，你還敢走過去嗎？

沒錯，正因為我們害怕跌落懸崖，才會影響當下發揮力量。因此，不要過度思考未來將發生什麼事，而是把注意力放在眼前，專心做好此刻的自己。

2. 當下不雜

有時，我們在做一件事情時，容易過度在意別人的看法。

比方說，你試圖準備一場簡報，擔心若表現太好，同事會認為自己愛表現，但若表現太普通，主管認為自己不出色。如果你一直抱持雜念，當下的言語或肢體動作恐怕會缺乏自信，而給人一種不可靠的印象。

3. 過往不戀

過去的事情既然已經發生，即使結果不理想，也只能證明過去的努力未見成效。過去不代表未來，唯有不糾結於過去的執念，才能把注意力放在當下，進而表現出令人瞠目結舌的專業水準。

技巧：身穿專業的服裝

你可能不知道，身穿專業人士的服裝，可以提升影響力和說服力，例如：身穿一襲白袍的醫生，會讓人想要聽從他；身穿制服的警察，會讓人不自覺地服從他的命令。

曾有一個實驗，讓受試者故意把垃圾扔在地上，再請一名身穿休閒服的實驗者，以及一名身穿警察服裝的實驗者，分別要求受試者撿起垃圾。結果發現，人們服從穿著警察制服的實驗者的機率高出2倍。

因此，當我們需要展現內心強大的一面，或是增加影響力和說

圖3-5　人們的刻板印象，會忽視個體之間的差異

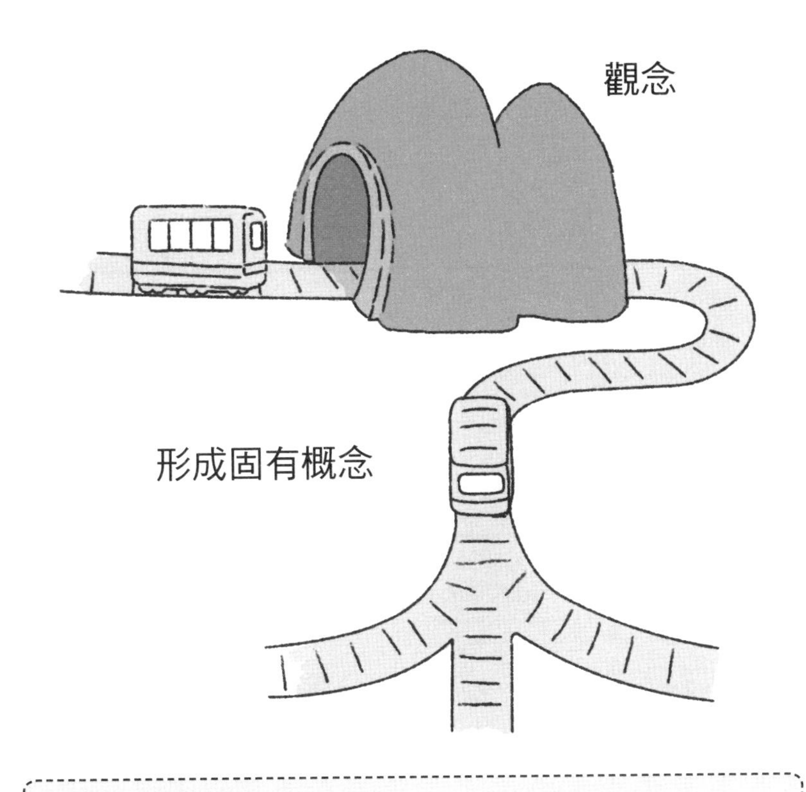

●人們對某物或某人形成固有觀念後，容易忽視個體的差異。

服力時，不妨打扮得正式一點，穿上正式服裝，或繫上一條深色的領帶。

原理解密：服裝能增強影響力的根本原因在於，人類都存有認知偏差，即刻板印象（Stereo Type）。**它是指人們對某事物或群體形成一種概括和固定的觀念，認為這個群體皆符合某些特徵，而忽視個體之間的差異。**

身穿專業服裝恰好觸發人們的刻板印象，使我們在第一時間將專業和形象連結起來，瞬間提升自己在別人眼中的形象，進而增加說服力和影響他人的效果。

提醒

行銷能力相當於說服力。因此，行銷人的首要目標是提高成功說服顧客的機率，設法使自己內心強大，並擁有強烈的專業形象。

06 西南航空發掘顧客痛點，「一點突破」創造奇蹟

行銷人必備的反擊：一點突破

在競爭激烈的行銷中，如同戰爭一般殘酷，有時對手的攻擊可能會造成我方處於劣勢，甚至丟失一大塊市占率。因此，如何在這種情況下反擊，並長期保持一定的市占率，讓企業持續盈利，是許多行銷人花最多時間思考的問題。

不同的行銷專家會有不同的策略，但某一項策略卻受到廣大行銷高手的認同，那便是「一點突破」。

西南航空公司的低價策略

什麼是一點突破？

一點突破就是找到消費者在意的地方，然後調動產品或服務的優勢，極力滿足消費者的需求，進而征服目標客群。這麼說也許有點抽象，我們來看看以下案例：

在世界航空業中，美國西南航空公司可說是一家特別的企業，他們在競爭日益激烈的環境裡做到一點突破，成為少數持續高額盈利的航空公司。

西南航空究竟找到哪一點突破？答案是超低價，他們甚至因此

圖3-6　如何做到一點突破？

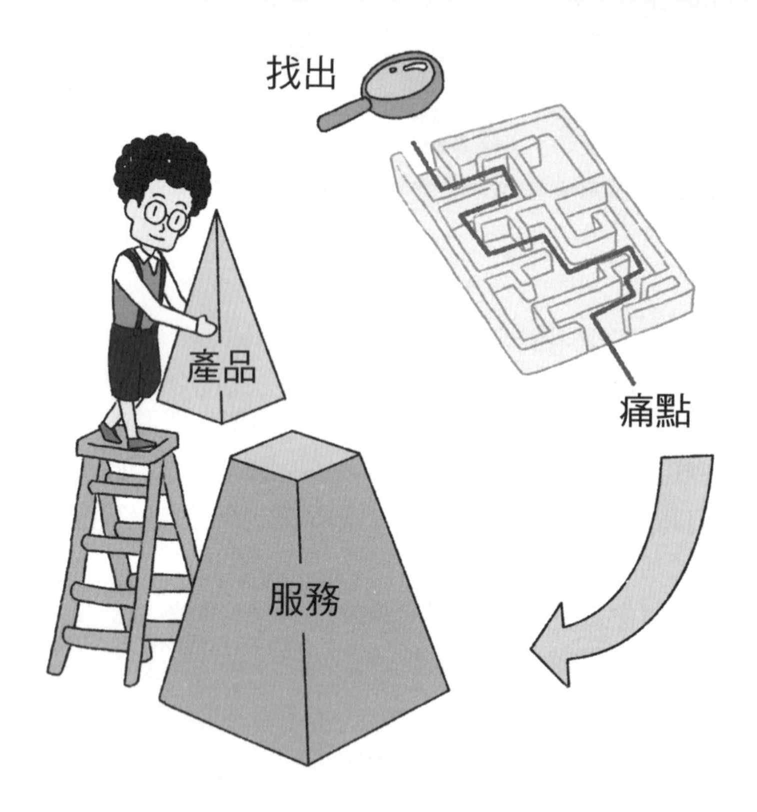

成為世界廉價航空公司的始祖。

西南航空提供的票價到底有多低？答案是達到同航線票價的 1/3。西南航空的高層甚至說：「我們不是和其他航空公司打價格戰，而是和地面的運輸業競爭。」

為了達到以低價為核心策略的一點突破，我們一起看看，西南航空到底採取什麼行動，來配合這個行銷策略：

1. 不提供餐飲。
2. 不指定座位，乘客可以隨意乘坐。
3. 不運輸行李。
4. 不接駁其他航空公司的乘客。
5. 幾乎不使用旅行社。
6. 15分鐘內完成登機。
7. 沒有人工售票，採用全自動售票。
8. 特別訂製「只有經濟艙、沒有頭等艙和商務艙」的飛機。
9. 只在偏僻地區的機場起飛、降落。
10. 飛機的利用率極高。
11. 員工報酬高、流動率低。
12. 和工會的關係良好。
13. 員工認股比例高。

西南航空使用這項策略後，每位員工的生產效率遠遠勝過傳統航空公司。

截至2016年，西南航空已連續42年持續盈利，股價也達到歷史最高點（55美元），每股淨收益高達3.5美元，成為股神巴菲特喜愛和願意長期持有的績優股。

 小心「自嗨式」一點突破

自嗨式一點突破指的是，企業以為找到自身最擅長的優勢，但其實並非消費者在意的地方。這不是只有新創公司缺乏經驗才會發生的事，有些一流公司同樣會犯這類錯誤。

諾基亞是一個經典案例，它生產的手機有一個優點：堅固。曾有用戶開玩笑說，用諾基亞手機砸核桃都沒問題，更不用說有摔壞的風險。然而，諾基亞正因為堅持這項優勢，不願意跟進和開發容

易摔壞的智慧型手機，以至於銷量逐年下降，最終被市場淘汰。

　　因此，真正的一點突破必須符合消費者的真實需求，只有完美結合優勢與需求，才能展現一點突破的效果。

提醒

　　行銷是一種策略，而策略需要戰術的配合。找到符合顧客的真實需求，再用所有行動支持這項優勢，實現一點突破。如此一來，企業成功就是一件理所當然的事。

07 有先下手為強的膽識，才能搶占銷售的先機

先下手為強，奪得先機

孫子兵法有云：「兵之情主速，乘人之不及，由不虞之道，攻其所不戒也。」意思是說，一場戰鬥要以最快的速度下手，趁敵人還沒準備好的時候展開攻擊，而且要以別人意想不到的方式，打擊對方最沒有戒備的地方。

在職場中，先下手為強、奪得先機，無論是設法在老闆面前行銷自己，以獲得認同、賞識甚至提拔，還是與客戶會面，說服對方高價購買產品，都是增加成功率的極佳策略。

下面來看看，成功的職場人士和行銷人，如何用先下手為強的方式獲得成功。

領先一步，步步領先

Angela和好幾個同學一起進入一家世界500強的外商企業實習。他們所屬部門的主管是完美主義者，很多實習生都因為他而無法通過試用期，有人甚至在實習尚未結束時，就被終止合約，不得不另謀高就。

不過，公司提供的薪資與福利並非一般企業可以比擬，因此能否順利留下，要看自己是否具有率先行銷自己的本領。

圖3-7　領先競爭者一步，才有機會勝出

在主管面前，要有發現問題、解決問題的能力。

某次開會，投影機投在布幕上的影像明顯發生偏移。當時，主管的眉頭一皺。雖然許多實習生都看見，但唯有Angela大方地走到投影機前調整機器的角度，使它正常投影。主管見狀，便當場詢問Angela的名字。

過沒幾天，公司公布正式聘用通知書。雖然其他實習生也靠自己的努力留了下來，但Angela被列在優先入職的名單中，無論是之後的升職還是加薪，都比其他人早一步。

多年後，在那位主管離職之際，Angela便以第一順位成為這個部門的新主管，率先踏上管理職，從此走上成功的道路。

 商務談判時，先抵達現場更有優勢

捷運上先坐在位子上的人有優先權，只要不是老弱婦孺或身障人士，很少有人會主動讓位給其他陌生乘客。那麼，在商務談判中，先抵達約定地點有什麼好處？難道在談判場合中，先抵達能率先取得成功嗎？

Andy還是菜鳥時，曾陪同銷售老手Mike接洽兩名客戶。當時，Mike與Andy兩人提早半小時到達現場。當年還是新人的Andy對此感到不解。

不久後，客戶來到現場。他們才剛入座，服務員便立即端上一杯拿鐵和紅茶，並把找零的錢遞給Mike。當天的談判進行得異常順利，最終成交的價格比目標多1.5%。

回去的路上，好學的Andy向Mike請教，Mike的心情非常好，順便給Andy上了一堂課。Mike表示，先抵達談判地點有以下3個好處：

1. 把握周遭環境，讓自己得心應手，有一種類似主場優勢的感覺。
2. 利用對方晚到的罪惡感，占領優勢。
3. 善用上次接洽的資訊（一位喜歡拿鐵，另一位喜愛紅茶），為他們買單，吩咐店員在恰當的時間點送上來。

由於Mike充分地運用互惠原則（可翻回第1章第3節複習），使對方產生愧疚感，最終用高於預定獲利的價格成交。

圖3-8　商務談判中，提前到達可獲得主導權

提醒

先下手為強有時是一個膽量，有時也是充分蒐集情報後的心理策略。無論是哪一種，只要行銷人善加利用，必定能在行銷自己或產品時，提升成功機率。

08 公司形象被抹黑？洗白策略有「暈輪效應」和……

好印象需要策略的支撐

無論是企業還是個人，都想在他人心中留下好印象，使自己在與對方的往來中，占據有利的地位、獲得更多好處。

好印象是一場持久戰，我們該如何運用策略來打贏這場戰爭？本篇將介紹3種獲得好印象的心理學策略，讓讀者成功擁有良好的印象。

3種策略幫助你洗白壞形象

1. 打開黑箱

卡爾・馮・克勞塞維茲（Carl von Clausewitz）在《戰爭論》一書中指出，情報大部分會有虛假的成分，人的恐懼心理會傾向誇大情報中的虛假部分。比起好事，人們更傾向相信不好的事，便是黑箱心理的表現。

黑箱心理**是指在情報不明朗或資訊有限的情況下，人們容易往壞處想，也更容易相信不好的可能**。

舉例來說，家中有女兒的家庭，可能有這種經驗：明明時間很晚了，女兒卻還沒回家，打電話也都沒有回應。此時，家裡的人非常擔心女兒遭遇意外，因而開始焦慮。這種情緒會持續到女兒來電

圖3-9　黑箱心理使人們容易往壞處想

● 當情報不明朗或資訊有限時，人們容易往不好的地方想。

或到家後，才得以解除。

企業也是一樣，只要媒體流傳某企業喪盡天良，使用非法添加物，大眾就會輕易相信。倘若企業毫無動靜，不做任何解釋，便會認為企業心虛，不敢站出來闢謠。

那麼，我們該如何改變這種印象？答案是打開黑箱。

以企業使用非法添加物的謠言為例，只要企業不如謠言所傳，最好的澄清辦法就是大方邀請媒體參觀廠房，歡迎消費者前來監督，藉此打開黑箱，就像上述例子中失聯的女兒來電或回到家一樣，謠言自然不攻而破。如此一來，企業不但重新獲得好印象，還可以趁機提升知名度。

2. 善用暈輪效應

人們非常在意負面情報，因此為了填補不好的印象，需要雙倍的好印象來彌補。

例如：近幾年，已連續出現數十家網路理財公司資金周轉不靈、創辦人或高層紛紛跑路的負面新聞。這些新聞雖然告訴人們不要貪小便宜、輕信高風險理財產品，但也波及到一批真正有實力，而且擁有良好商業模式的公司。

可是，壞印象已經產生了，該如何重新建構人們對企業的好印象？這時，暈輪效應（Halo Effect，又稱光環效應）是一個可以產生成倍效果的好方法。

行銷界常用的暈輪效應，是由美國心理學家愛德華・桑代克（Edward Thorndike）提出，**是指認知者對於人或事物的某種特徵形成好或壞的印象後，會在這種印象的影響下，推論人或事物的其他面向特徵**。

優質企業若能挖掘自身優勢作為亮點，並加以推廣，便能實現好印象重構的效果。

舉例來說，某理財網是一家典型的網路金融企業，之前出現顯著的業務量下滑現象。在使用暈輪效應重建企業形象的過程中，該企業以受到知名企業資助作為行銷賣點。果然，在平面廣告和網路廣告推送之後，業務不但迅速回到原本的水準，甚至比以前高出二十幾個百分點。

3. 共同點戰術

企業可以運用上述2種策略建立形象，那麼個人該如何在生活

圖3-10　運用暈輪效應重建好形象

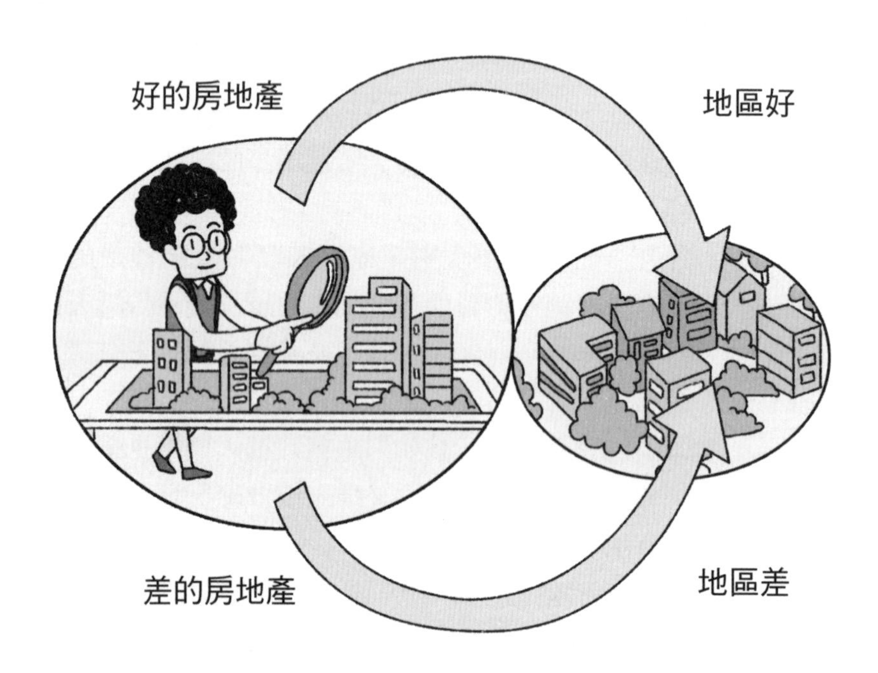

● 認知者對人或事物的某種特徵形成好或壞的印象後，會據此推論其他面向的特徵。

或工作中留下好印象呢？最簡單的辦法就是使用共同點戰術。

共同點戰術顧名思義，就是**設法從彼此的共同點切入，讓對方對你產生好感**。舉例來說，在面試的過程中，如果你發現面試官桌上有一枚你的母校校徽，那麼在接下來的話題中，便可以利用彼此的畢業學校作為面談的切入點。

再舉一個例子，面對一位陌生朋友，若能在對話中發現你們都喜歡同一本書，就能以此為話題展開討論，而留給對方的印象也會變得比一般的交談更好。

　　這是因為心理學中有一種「與我相似效應」，**是指人們更容易對和自己相似或有共同點的人產生好感**。

提醒

　　企業和個人都想在消費者和他人心中留下好印象。因此，如何運用心理學達成目標，是我們可以深入研究、分析及實踐的對象。唯有熟練這些技巧，把它們變成習慣，擁有好印象就不是件難事。

09 行銷贏家的智慧：善用負面思考做好準備

行銷經理職位的爭奪之戰

Mark和Andy同時進入公司，已有5年工作經驗。年底，公司出現一個行銷經理職位的空缺，總監告訴他們，誰企劃的專案能奪得當季的銷售冠軍，誰就能坐上這個寶座。

Mark經常正面思考，總是憑藉一股拚勁，成功完成多項專案。反觀Andy為人低調，雖然喜歡潑團隊成員冷水，但非常注重細節。他們互相把對方當作競爭對手，並且為這次的專案做充分的準備。

在幾個月後成果出來時，Mark團隊的銷量遠超Andy，正當他們得意地慶功時，後台卻紛紛傳出退貨的消息。令人遺憾的是，Mark團隊的成員無法接受這個突如其來的意外，居然開始互相推託責任。

反觀Andy的團隊，向來習慣考慮最壞結果的他，早早連絡好某電商平台的自營快遞，雖然價格較高，但幸好產品都能順利送達。團隊成員也在過程中互相配合，合作氣氛十分愉悅。

沒想到公布銷售額時，原本最被看好的Mark慘遭滑鐵盧，而穩紮穩打的Andy則摘取最後的桂冠。

正向思考的2個陷阱

1. 忽視潛在危險

每個行銷方案或行動都可能獲得成功或遭遇失敗，但我們往往會發現，前一次成功的經驗讓我們信心倍增，卻未必能在下一次的場景中發揮作用，確保可以再次斬獲成功。

本來我們自以為自己的才智和能力，足以使某款單品暢銷、熱賣，卻往往因為忽略，甚至不願意思考不利因素或潛在危險，而功虧一簣。

正如生活中有些人會誤解正向思考，認為只往好處想，對任何事物抱持積極想法、只看到好的一面就行了。其實這些都是誤會，因為正向思考雖然會帶來安全感，實際卻是心理學的自利性偏差（Self-serving bias）。

自利性偏差**是指事情成功後，人們往往會把原因歸功於自己的努力和方法，但遭遇失敗時，人們則容易將影響歸咎於客觀因素，甚至怪罪他人。**

2. 忽視他人的貢獻

自利性偏差還解釋一個現象：為何把團隊中，成員認為自己的貢獻百分比加總起來，可以高達150%？為何把夫妻雙方認為自己對家庭的貢獻加總起來，可以超過130%？

這種重視自身付出，忽視他人貢獻的思維，不但會讓成員在遇到問題時，引發不和諧，更會讓問題的焦點和成員的精力，轉向於對付他人。

因此，既然我們看清正向思考的潛在危害，了解自利性偏差造成的不良影響，我們該如何避開陷阱、凝聚力量，把事情做好呢？不妨看看消極思想能提供什麼好處吧。

圖3-11 自利性偏差讓人們把成功歸因於自己的努力

● 事情做得好，會把原因歸功於自己的努力。若是失敗，則會怪罪於他人或外因。

消極思想其實有好處

許多人聽到消極一詞，很容易望文生義，認為是不好的事物，應該從腦中將它抹去。實際上，消極思想正是我們避開自利性偏差的一帖良藥。

首先，藉由做最壞的打算，我們可以發現潛在的危險和問題，注意到雖然細微，但可能產生重大影響的環節，從而有針對性地做好計畫，以備不時之需。

其次，透過降低期望，我們還能設法調整自己和團隊成員的心態，不為意料之外的結果茫然失措，導致士氣低落。

最後，經由認識自利性偏差，重新評估自己對團隊的貢獻，增加對他人貢獻的肯定，以此設法協調自己與他人的關係，做到高效和良性溝通，建立更有效的互動關係。

以上這些都是正向思考無法提供的益處，卻是消極思想帶來的積極結果。

提醒

查理・芒格曾說：「若要觀察一個人的智力是否上乘，要看他的腦中是否容得下2種截然不同的思想。」

正向思考的確能給人希望，但其中隱藏的陷阱不容小覷。唯有同時運用消極和積極2種思想，做好最壞的打算和備案，看清和認同別人的貢獻，才能藉由團隊努力，不斷增加成功機率。

10 實踐交涉的3步驟，牽著買家走完購物流程

金牌行銷需要吸引人的交涉技巧

在行銷的過程中，說服力是成功與否的關鍵，而說服別人需要做很多準備，例如：足夠的論據、充分的資料，或者一些吸引人的交涉技巧。不過，真正困難的是讀懂別人內心，讓對方適應、接納自己的建議。

從一些金牌行銷慣用的銷售技巧來看，他們之中很多人會藉由說一些別人想聽的話，充分提高買家的興趣，牽著對方一步步走完購買流程，讓他覺得自己如果不買，是一件吃虧事。不過，這種技巧說起來簡單，卻很難做到。

牽著買家走完購買流程的3個步驟

1. 了解買家的真實意圖

消費者走進一家店，基本上是出於閒逛、了解商品情況、購物3種目的，最後一種顯然是我們的目標客群。

根據第2章第1節介紹的**語言、微表情、小動作和視線等線索，可以識別出這些客戶**。然後透過與他們溝通，設法挖掘這些買家的真實意圖。

舉例來說，一位年輕男子和一位年紀較大的女性，一起走進房

地產仲介，對著捷運規劃圖和房屋租金的表格看了又看。身為一名仲介，你或許可以看出這是一對有購買意願的客戶。

藉由溝通，果然驗證了你的想法，原來這是一對母子，他們來到這裡主要是想看有沒有升值潛力的房產，並希望買好房子後，能夠立刻租出去。因此，買家的意圖十分明顯，就是投資和出租。

2. 多說對方想聽的話

既然已經找到顧客的需求，下面就是行銷人發揮作用的關鍵時刻，**這時我們的每一句話都要設法圍繞需求展開**。

依舊以這對母子買房投資為例，針對投資需求，我們可以就想介紹的目標房產，列出優點來吸引他們：

1. 近10年來，捷運站周邊房產的升值有4波：規劃捷運、捷運開工、捷運竣工、周邊配套設施。
2. 該地區早在2年前完成捷運規劃，預計年底可以開工。
3. 雖然現在周邊配套設施不多，但已規劃好大型購物商場。
4. 3年前，靠近市區的另一個項目，在這個階段只有現在房價的一半。

因此，從投資者的角度來看，現在是介入的絕佳時機。

針對出租需求，仲介可以展示電腦excel中的登記日期、租出日期及租金，顯示我們的專業水準：既能租出好價錢，又能在最短的時間內為你租出去，幫助客戶降低空置、減少浪費。

值得提醒的是，在圍繞客戶需求，展示資料、論據，並帶領客戶實地查看或展示樣品的過程中，行銷人仍舊要觀察顧客的肢體、眼神、瞳孔等細節，著重且詳細地介紹他們特別感興趣的地方。

圖3-12　牽著買家購物的3步驟

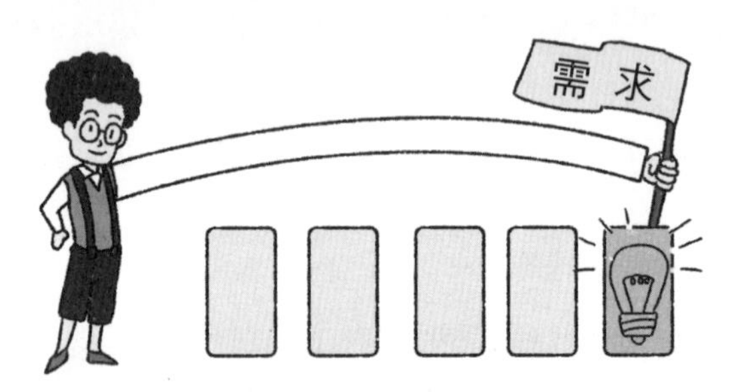

1. 了解買家的真實意圖

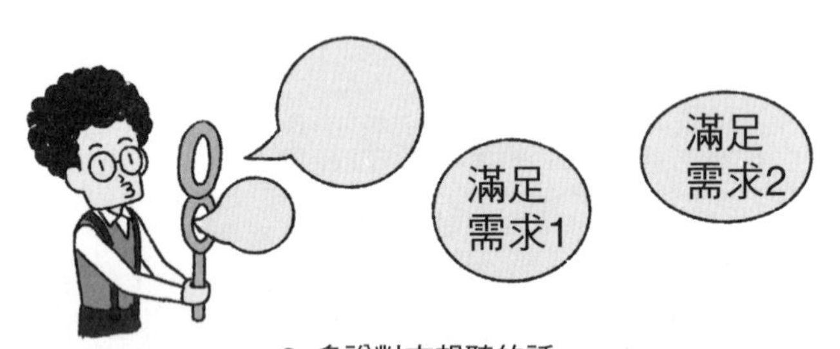

2. 多說對方想聽的話

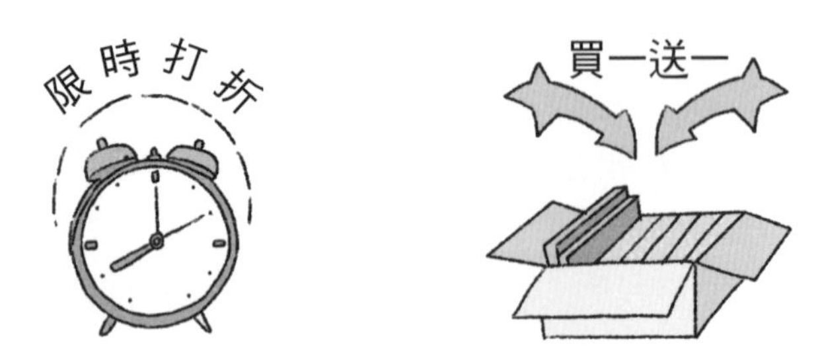

3. 施以小惠，限時購買

3. 施以小惠，限時購買

前2個步驟的目的是挖掘需求、滿足需求，解決是否購買的問題，而第3步驟則要幫助客戶做出是否立即購買的決定。

繼續以買房案例做分析。實地考察完畢後，仲介可以表示，很多人看中這套房子，若顧客今天與房東簽訂購買意願書並支付訂金，可以選擇以下3種優惠的任何一種：

1. 處理與房產交易相關事宜時，全程有專車接送。
2. 房子交易完成後，出租傭金全部免費。
3. 獲得與我們公司合作的電影券12張。

透過第1、第2步驟確保顧客對標的物感興趣後，第3步驟的主要目的是讓客戶產生緊迫感，並對其施壓，讓客戶感覺今天不做決定會有所損失。

這個方法借鑑丹尼爾・康納曼提出的損失規避（可見第2章第3節），即**比起得到，人們更厭惡損失**，進而提高顧客立刻購買的機率。

提醒

行銷人除了要懂得察言觀色之外，還需要擁有吸引人的交涉能力。我們可以藉由第1章的技巧看穿顧客內心，再運用本節提供的3個步驟，牽著富顧客走完購買流程，讓他心滿意足地走出店鋪。

身為行銷人，你是否曾經思考過消費者想要什麼？

唯有洞察消費者的心理、了解他們的需求，才能在行銷過程中做到事半功倍，輕鬆引導顧客成交。

第 4 章

掌握商品與顧客特性，引爆極度購物

01 根據需求層次理論，確認自家產品的定位

產品定位決定企業能否成功

產品定位在行銷策略中至關重要，因為如果一件產品做到老少皆宜、面面俱到，各方面的特點便會趨於平凡，也會在成本上失去控制，導致價格過高而乏人問津。這也是你幾乎無法在商業史上的成功案例中，找到這種產品的原因。

既然產品定位對於取得成功有著舉足輕重的影響，我們該如何著手切入某一個細分市場，進而為獲得成功打下基礎？

下面將從知名的馬斯洛需求層次理論，找出其中的關鍵。

馬斯洛需求層次理論

這項需求層次理論是由美國心理學家亞伯拉罕・馬斯洛（Abraham Harold Maslow）於1943年，在《心理學評論》（Psychological Review）的論文〈人類動機的理論〉（*A Theory of Human Motivation*）中提出。

該理論將人類的需求按照層次分為5種，由低到高分別是生理需求（Physiological needs）、安全需求（Safety needs）、社交需求（Love and belonging needs）、尊重需求（Esteem needs）和自我實現需求（Self-actualization needs）。

越高層次的需求，只有在滿足低層次需求的情況下才會發生。舉例來說，一個人如果連自己都吃不飽（生理需求），他可能會捨棄尊嚴，去偷別人的東西或乞討，做一些令旁人覺得毫無顏面的事。

那麼，行銷人如何將需求層次理論與行銷定位連結，把它們發展成可制定行銷策略的依據呢？

 如何切入需求層次理論中的每一階層？

第1層：生理需求

生理需求是最底層的需求。因此，無論是做食、衣、住、行四大方向中的哪一類產品，都只須聚焦在低價位。

處於生理需求層次的消費者，收入來源往往有限，可支配的部分較少，因此他們每天都在想方設法節省開支。如果商品的供應商，能在採購、生產、運輸、管道等各個方面提高效率，以運營配合行銷，便有很大的機會做到量大面廣，從而獲取豐厚的利潤。

例如：某網路電商平台打出「買貴補差價」的活動，就是牢牢抓住第1層消費者的利器。

第2層：安全需求

安全需求是所有人關注的重大需求。從食安到網路安全，甚至到人類最基本的空氣安全，都表現出人們注重的需求。安全需求是極大的**利基市場（Niche Market），即某個高度專門化的需求市場**。

針對提供安全需求的企業，除了切實以產品解決顧客真實存在的問題之外，更要在宣傳內容上提供安全感。舉例來說，某礦泉水的廣告詞「每滴礦泉水，都經過27道過濾」，就是強而有力的安全暗示。

第3層：社交需求

社交需求強烈的人多數衣食無憂，他們雖然在物質上得到滿足，精神上卻渴求愛和歸屬感。

對於第3層次的需求，行銷的重點必須盡可能以精簡的語言，說服消費者使用你家產品。

第4層：尊重需求

許多販售奢侈品的企業，都著重在滿足這類需求的消費者。這類消費者通常是社會精英或成功人士，他們渴望經由服飾、飾品、隨身物件獲得尊重。對這些人來說，價格越高、產品數量越稀少，滿足感就會越強烈。

負面案例：某奢侈服飾品牌以為打折可以提升銷售額，最終反而被消費者唾棄，這是產品定位失敗的典型表現。

第5層：自我價值實現需求

多數的遊戲產業都可以歸於這一類。針對大量的遊戲玩家，遊戲既不能設計得太簡單，又要兼具挑戰性，使消費者感覺自己費了一定的精力和腦力，才能升級或突破關卡。

同時，每個成功的遊戲，還要體現人與人之間的差異，例如：我的裝備比你厲害、我的技能比你強，這些都是讓玩家對自己產生價值的方法。遊戲類產品的廣告詞可以使用「做你從未做過的事」。

圖4-1　馬斯洛需求層次理論

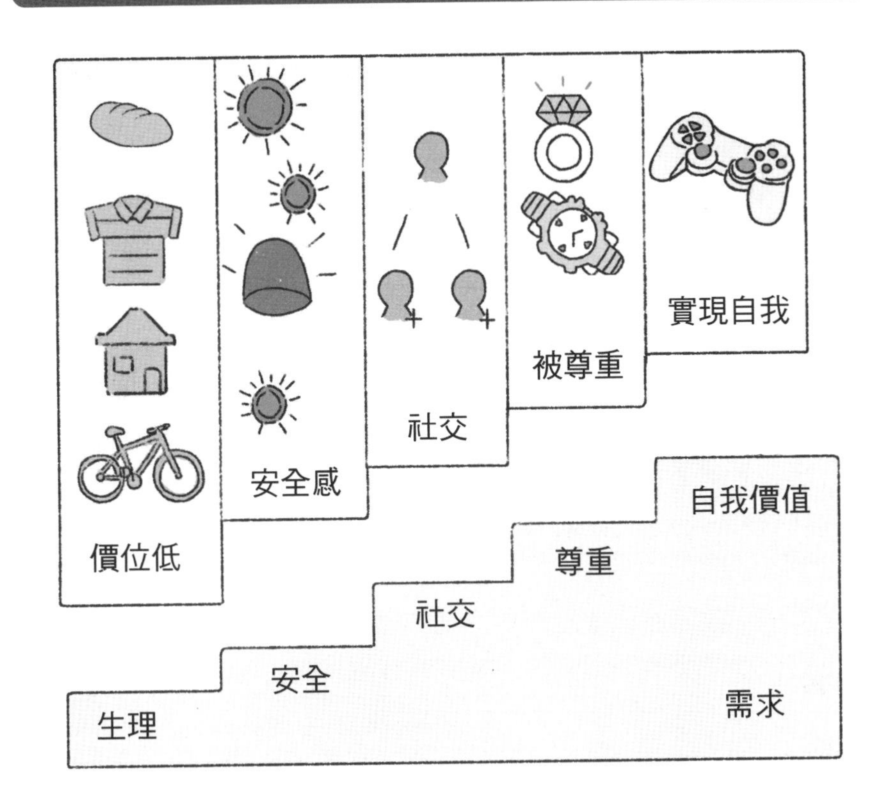

提醒

消費者定位是行銷模式的重點，也是企業策略中最重要的任務。各企業唯有全力配合產品的設計與生產、供應鏈與通路，並擁有清晰的定位，才有機會獲得傑出的銷售業績。

02 使出「飢餓行銷、錨定效應……」，創造消費的理由

替顧客找到消費理由是關鍵

無論是實體店還是網路商店，當顧客進入店裡並詢問商品的具體資訊時，代表他有很大的機率對該類產品有需求。然而，缺乏經驗的店員或客服，很難用言語留住顧客，於是白白流失有機會成交的訂單。

那麼，該怎麼做才能有效率地抓住顧客的心，讓他立刻購買或交付訂金？其中的關鍵是——為顧客找到消費理由。

幫助顧客找到消費理由的3個技巧

1. 限制出售，製造供不應求

某些餐廳會在店內張貼並宣傳每天限量銷售20份牛排，這些牛排口感鮮嫩、品質非凡，售價卻是普通牛排的好幾倍。

店家經常會用特別的名稱來命名這些餐點，藉此博得顧客眼球，使他們趨之若鶩、爭相購買，從而在賺足噱頭的情況下，獲得高額利潤。

這種手法在行銷心理學中，被稱為飢餓行銷（Hunger Marketing），**是供應商刻意降低產量，來控制供需關係，造成供不應求的假象，進而維持商品的高價位與利潤的行銷技巧。**

圖4-2　藉由飢餓行銷控制供需關係

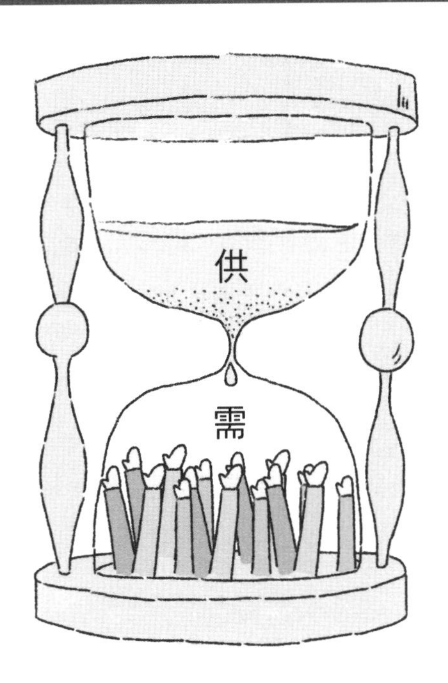

想要運用飢餓行銷獲得成功，需要遵循3個原則。首先，要保證商品優質，否則顧客嘗試一次之後，覺得沒有價值，飢餓行銷就難以為繼。

其次，要引起消費者的關注，利用吸引人的名稱和「限量」條件，引起他們的好奇心，製造躍躍欲試的氣氛。

第三，除了店內宣傳之外，還要為外部的宣傳造勢，例如請有影響力的美食部落客或知名網紅撰寫文案，讓消費者慕名而來。

2. 活用話術，繞過顧客的猶豫

行銷界曾有這樣一個案例：賣雞蛋灌餅的店主，總是詢問顧客要加1顆雞蛋還是2顆雞蛋，結果他的銷售額是隔壁家的2倍以上。

我們同樣可以借鑑這種二選一的話術。

舉例來說，當顧客不斷盯著一件上衣打量時，不用問她是否喜歡，或表示這件衣服很不錯等一般店員都會說的話，而是詢問：「您想自己穿還是送給家人？」這時，對方可能會透露更多資訊。

你經過一番了解後，根據顧客的描述，推薦符合使用者特點的商品，會使成交率大幅提升。

原理揭秘：二選一的話術之所以有效，是因為它運用錨定效應（Anchoring Effect）**，即人們對某事做出判斷時，容易受到第一資訊的支配，就像沉入水底的錨把人的思維固定在預設的地方**。

使用二選一的話術，會使顧客的思維從「要不要買」錨定成「該買哪一件」，就可以繞過猶豫不決的想法，直接進入挑選的步驟中。再加上，因為銷售員主導的挑選步驟，顧客的購買率會比自己隨便看看還高。如此一來，銷售額自然會因為話術的不同而上升。

3. 換一種說法讓客戶認同

有些顧客會因為產品價格過高而猶豫，此時銷售員需要透過話術，讓顧客覺得這個價格其實不昂貴。

舉例來說，顧客對一件高級的名牌大衣愛不釋手，卻因價格高達1萬元而遲疑。這時如果對他說：「品質優良的大衣至少可以穿10年，平均每年僅需1千元，而一件1千元的大衣可能穿不到1年就損壞了。」顧客很可能轉變思想，覺得買下它反而能替自己省錢。

原理揭秘：很多時候，當別人猶豫一個觀點或一件事物時，是因為他們心中有矛盾或衝突，這就是所謂的**認知不協調，是指人們的情感、理性和行為當中，會有一項與其他兩項矛盾，因此產生躊躇**。

這時，銷售員該做的是換一種說法，統整顧客在情感和理性中的不協調，使其趨於一致，才能促使他們購買產品。

圖4-3　認知不協調造成顧客心中的想法產生矛盾

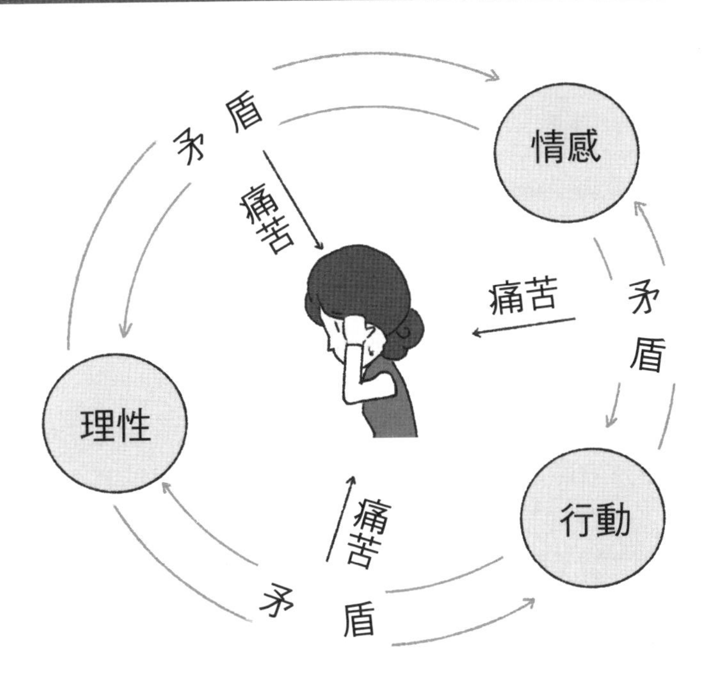

提醒

在行銷過程中，銷售是連接消費者和商品之間的橋樑，銷售員的技巧有助於顧客順利通過這座橋。學會以上3種蘊含心理學原理的技巧，並在銷售場景中熟練地運用，不僅能帶來財富，還能體會客戶買單帶來的成就感。

03 顧客很難應付嗎？先釐清類型，再施展話術

增強消費者自信的心理技巧

行銷人每天都要接觸形形色色的顧客，他們的性格和偏好都大不相同。因此，如何察言觀色、對症下藥，透過變換話術增強消費者的自信，進而把商品賣給不同類型的人，是一大學問。

本篇將從不同類型的消費者出發，講述行銷人應該如何應對，從而增強消費者的自信。

消費者的4個類型與應對方法

每個消費者因為年齡、性別、性格的不同，對商品的偏好不盡相同。因此，針對不同的消費者，我們要在充分識別其類型的情況下，針對性地運用符合其內心感受的語言，迎合消費者的真實需求，並肯定他的購買行為，進而免去退換貨的麻煩（註：來自齊藤勇的《如你所願操縱他人的心理學大全》）。

類型1：追趕潮流的顧客

這個類型的顧客是消費群體中的中堅力量，他們喜歡追隨主流，偏好流行，喜愛當下盛行的款式。想要識別他們很簡單，只須留意服裝或飾品是否為當季的流行款式，或是否經常使用流行語或

網路用語。

那麼，行銷人應該如何與這類型顧客互動？答案是**用話術鼓勵他們**，行銷人可以說：「您真有眼光，這款是本季暢銷款，很多人購買」，或者說：「這款賣到缺貨了，您的運氣不錯，今天才剛補貨」。

消費者聽到這款是銷量冠軍時，一定會掏錢購買，因為這就是他們想要的商品。總之，暢銷、銷量冠軍、流行款式是這類顧客渴望的商品。

類型2：特立獨行的顧客

與類型1趕時髦的顧客不同，**特立獨行的消費者想要的是與眾不同、創新、獨一無二**。

特立獨行的顧客往往會說某件東西太俗氣，或某個人沒有個性，只要抓住這些關鍵字，便能找出他們。與此同時，鼓勵他們的方法也很簡單，你可以說：「您的眼光很獨道」、「這件衣服全世界只有一件」，這類話術能有效打動他們，促使他們購買。

總之，與眾不同、創意、獨特，是這類顧客追求的字眼。

類型3：愛面子的顧客

這個類型的顧客捨得花錢，總是身穿名牌服飾、手戴高級名錶，在他們看來，面子至關重要。面對這類型的顧客，不論是流行還是獨特，他們都不感興趣。

因此，行銷人可以用「身穿這件大衣，必能彰顯您的地位」、「這款圍脖搭配您的包包，一定可以在晚宴上贏得光彩」等話術，暗示消費者會在與人比較時占上風，使這類消費者打從心裡肯定這件商品。

總之，比別人好、力壓群雄，是愛面子顧客的最愛。

圖4-4　4個不同類型的顧客

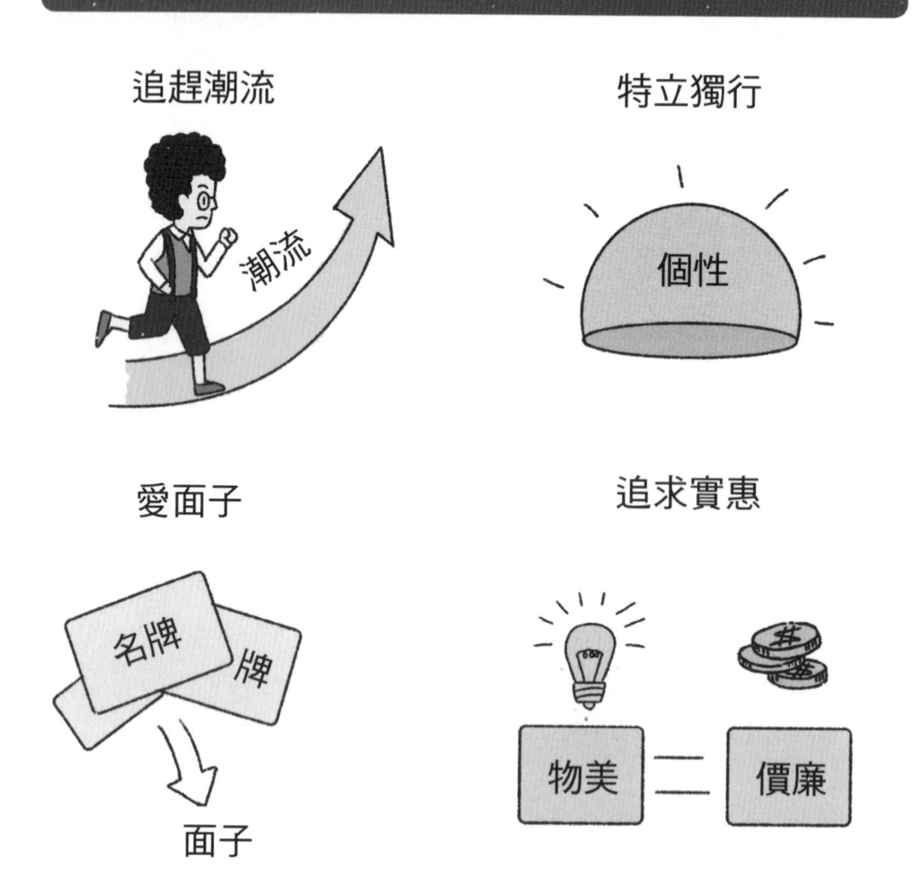

類型4：追求實惠的顧客

這個類型的顧客十分常見，**他們追求實惠與務實，非常講究商品的性價比**。相較於其他類型的顧客，要從追求實惠的客戶身上獲取高銷售額有一定的難度，所幸這類顧顧客數眾多，獲取他們的認可便能以銷量取勝。

面對追求實惠的顧客，主要以低價和實用的層面來強化他們的購買意識，可以使用「這款是活動商品，買它準沒錯」、「您真會買東西，買走我們店內性價比最高的商品了」等話術，增強他們購物的信心。

總之，高性價比永遠是追求實惠型顧客的不二選擇。

提醒

顧客的性格多樣化，但通常可以歸類為以上4個類型。行銷人只要在顧客購物過程中，準確地判斷顧客的類型，確認他們的需求，就能以不同的話術增強他們購物的自信，進而實現銷售目標。

04 為何退貨率居高不下？因為店家少做兩件事

對行銷人來說，最沮喪的事莫過於好不容易賣出的商品，因為消費者後悔而被要求退款。還記得第3章第3節提出的損失規避嗎？其實，這個理論也適用於行銷人。

消費者在什麼樣的情況下，會產生後悔的想法？行銷人該怎麼做，才能讓消費者不後悔？唯有了解後悔的真相，才能做出針對性方案，避免發生該類事件。

後悔是因為顧客的認知失調

消費者產生後悔的想法，經常發生在金額較大的購買行為後，大多是由於資訊不對稱，造成消費者事後發現自己買貴或買錯。

舉例來說，某位年紀較大的消費者，花了1萬元購買A型號家用電器，回家後卻發現網路上只要花6千元就能買到。這位顧客頓時感覺受騙，於是跑到店面表示想要退錢。

也有消費者當初在購買時，發現有好幾個型號的電器，於是隨便挑選其中一種，過了一段時間才發現自己不適合這種型號，因而產生後悔的念頭。

無論是以上兩種情況的哪一種，我們都能看到，**出現後悔的想法與我們的認知失調有關**。消費者面對銷售員當下的推銷時，認知無疑是協調的，無論是感情（喜歡該商品）、理性（覺得商品有用

圖4-5　為何消費者買完商品後會後悔？

且價格合適）都促使消費者最終做出購買行為。

然而，一段時間過後，無論是獲得更完整的資訊，還是對商品有了進一步的認識，都會改變當初的想法，導致我們後悔，這就是認知不協調。那麼，釐清後悔的機制後，該如何採取措施？

 從顧客的角度出發，是預防後悔的唯一方法

行銷人利用資訊不對稱的方式欺騙消費者，是非常可惡的。不

過，為了使消費者在購買商品後的一段時間內，依舊保持認知協調，是無法只憑藉誠實就能辦到。

因此，**從顧客的角度出發，是行銷人預防顧客後悔的方法**。除了可以實施買貴退差價的政策，讓消費者安心之外，使用前還必須針對顧客的需求，強調商品的實用性與獨特性，讓顧客充分了解商品的資訊和價值。

舉例來說，當銷售員了解某位顧客為了獲取知識，期望一邊煮菜一邊收聽課程後，立刻向他推薦某款超靜音排油煙機。銷售員說：「這款產品的價格雖然比同類產品高出20%，但它能滿足您的需求。一年下來，能累積超過400小時的學習時間，平均每小時僅須花1元，就能在烹飪菜餚的同時，享受學習的樂趣。」

顧客聽完銷售員以上的分析後，對他推薦的商品讚嘆不已，不但迅速拍案成交，使用後更讓顧客篤定自己買對了。如此一來，顧客的感性、理性和行為趨於一致，也就是認知協調，後悔之意便毫無生存空間。

提醒

銷售員表面上看似是為了銷售商品而存在，實質上是顧客與商品之間的重要樞紐。銷售員只要充分了解顧客的需求，找到符合期望的商品，讓顧客在可接受價格的情況下，買到稱心如意的商品，就能達成銷售目標並實現雙贏。

05 行銷高手都會採行3技巧，讓顧客買不停

成功的行銷是持續有現金進帳

成功的行銷和成功的專案有極大的差異。後者是一次性任務，成功後即可宣告勝利；行銷則不同，其成功需要的是源源不絕的現金進帳。

因此，行銷人的重要任務之一，是增加消費者追加購買的可能性。為了實現這個目標，我們該如何設計行銷方案？本篇將以此為主題，介紹富含心理學的行銷方案。

讓顧客追加購買的3個行銷技巧

1. 第二件半價

第二件半價的行銷手法，是補償人類滿足感中的邊際效用遞減。所謂邊際效用遞減（The law of Diminishing Marginal Utility），是指**人類在需求得到一定的滿足後，繼續享用同類供應時，內心的滿足感會持續降低**。

簡單地說，就是人在非常飢餓時，吃第一個肉包的滿足感最強烈，第二個次之，直到吃第七個包子時，不但不會帶來滿足感，甚至覺得痛苦、難受。

第二件半價的行銷心理，是藉由降低第二件商品的價格，來彌

圖4-6　邊際效用遞減法則，宛如溜滑梯一般

● 當人的需求得到一定滿足後，繼續享用同類供應時，其內心的滿足感會持續降低。

補顧客購買另一件同類商品時，滿足感較少的損失。只要半價後的售價高於成本，店家多賣出一件商品就能多獲得一些利潤。

2. 滿100元送100元購物券

為何比起直接在價格上打5折，滿100元送100元購物券的行銷方法，更受到行銷人和消費者的青睞？從行銷人的角度來說，滿額送購物券的方式不但噱頭十足，還能在顧客不知不覺的情況下增加銷售額。

舉例來說，顧客本來要買一件90元的商品，假設成本均為售價的1/3，即30元。如果直接打5折，我方的收入只有45元，利潤為15元（45－90÷3）。

但是，採用滿100元送100元購物券的方式，顧客會為了得到購物券，想盡辦法湊滿100元，如此一來，我方的收入是100元，實際是賣出總額為200元的商品，成本為200元的1/3，即66.6元，故實際利潤為33.4元（100－200÷3）。

兩種不同的行銷方式，利潤竟然相差一倍有餘。

另一方面，從消費者的角度來說，收益和損失分別屬於不同的心理帳戶（Mental Accounting）。根據芝加哥大學行為科學教授理查・塞勒（Richard Thaler）1980年的研究顯示，**由於消費者擁有心理帳戶，個體在做決策時，往往會違背一些簡單的經濟運算法則，做出許多非理性消費行為**。

購物券屬於收益的心理帳戶，因為花了100元又會立刻賺進100元的購物券，但打5折沒有任何名義上的收穫，顧客依舊只有掏錢出來，沒有實際拿到獲利的感覺，這類折扣自然便會落入損失的心理帳戶。

兩種相較之下，滿額送券雖然會讓消費者為了達到門檻湊滿金額，而花更多錢，卻會因此獲得滿足，難怪消費者會樂此不疲。

3. 限時購買享優惠

許多商家為了銷庫存，會採用降價銷售的手法，這麼做不但傷害產品在消費者心目中的形象，還未必能激發他們的購買欲望。

圖4-7　滿額送購物券比起打5折，更受消費者喜愛

這時，限時購買享優惠是非常有效的策略。舉例來說，廣告標示「原價9千元的平板電腦，如果在今日中午12:00下單，便能以5千元的超優惠價格購入」，結果當天中午狂銷數千台。

限時購買享優惠的底層原理在於，「稀少、罕見」對人們具有強烈的說服力。

1975年，心理學家曾設計一個實驗，請受試者評價巧克力口

味的餅乾，第一組的餅乾盒中裝有10塊巧克力餅乾；第二組僅裝2塊。儘管兩組的餅乾毫無差異，但最終第二組對餅乾美味程度的評價，卻比第一組高出1倍。

這個實驗告訴我們，稀缺性會影響人們的判斷（可翻回第2章第9節複習）。

提醒

不同產品有各自適合的行銷手法。從以上3種行銷技巧中，選擇最適合的方法，並做出一定的改良和優化，便有很大的機會留住顧客，形成源源不絕且持續成長的現金流，讓業績滾雪球般成長。

06 使用關鍵字或誘餌做行銷，就能戰勝不景氣

消費者購物欲望的變化

經驗豐富的行銷人都知道，隨著大環境的變化，消費者的購買欲望會有所不同。

這其實十分好理解，景氣好的時候，人們的可支配收入會隨之增加，逐漸鼓起的荷包催促著人們添購更多物品，甚至認為購買奢侈品是一種投資。相反地，景氣不好的時候，消費者會出現購物欲望降低的情況，在購買商品時，會開始謹慎思考產品的性價比。

因此，行銷人能夠以此為依據，制定具有針對性的行銷策略。

消費欲望減弱下的3個行銷策略

1. 關鍵字行銷

正如家人懷孕時，你會留意其他孕婦一樣。在景氣較差的時期，人們都在思考如何在購物上精打細算，替家庭省錢。因此，如果你在行銷自家產品時，多以省錢、理性消費、性價比高，作為主要行銷關鍵字進行宣傳、推銷，很容易讓目標客群留意到你家產品，進而占據有利的地位。

人們心裡在意什麼，就容易關注什麼，這在心理學上被稱為心理投射（Psychological projection），**即人們會無意識地將自己的**

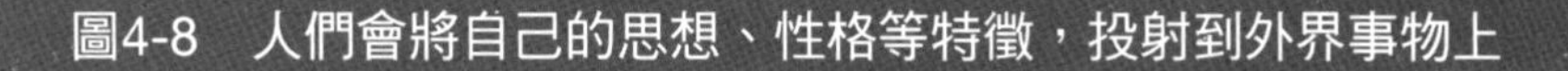
圖4-8 人們會將自己的思想、性格等特徵，投射到外界事物上

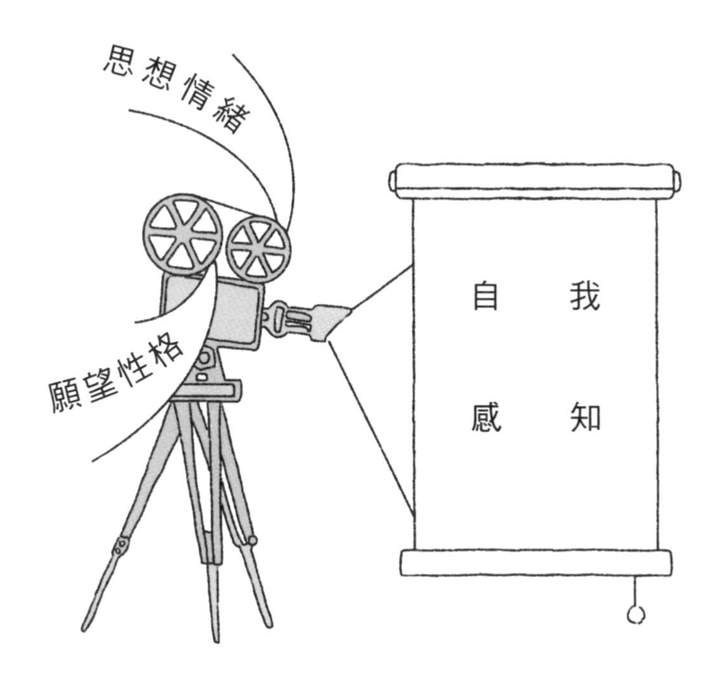

思想、態度、願望、情緒、性格等特徵，反應到外界事物上，形成一種獨特的、以自我認知為主的感知。例如：面對天空上的同一片雲，有些人會覺得它像一隻兔子，有些人則認為像一隻鳥。

2. 誘餌行銷法

美國杜克大學心理學與行為經濟學教授丹・艾瑞利（Dan Ariely）曾在其著作《不理性敬上》（*Irrationally Yours*）中，介紹以下的麵包機故事：

當時一家公司首次推出麵包機這項新產品，每台售價為275美元，高昂的價格使銷售業績慘澹不堪。人們普遍認為，與其花這麼多錢買麵包機，不如買一台精緻的咖啡機。

為了拯救這款產品，該公司委託一家行銷公司，該公司提出一個令人側目的補救辦法：再推出一款容量增加50%，但售價高出原價的1倍，以400美元出售。

結果正如預期所料，雖然新款麵包機依舊銷量慘澹，但舊款275美元的麵包機，成了當年的暢銷產品。

舊款麵包機可以如此熱賣，必須歸功於行銷公司巧妙地設置誘餌，這種行銷手法被後世的行銷心理學專家總結為誘餌效應（Decoy Effect），即**人們會因為新選項（誘餌）的加入，而覺得舊款更有吸引力、更具性價比**。被誘餌幫助的舊款，往往是行銷人期望大賣的目標商品。

如果留意飯店的菜單，也會發現類似的手法：總有一道菜的價格高得離譜，用來襯托老闆最想賣的菜餚，讓你覺得目標菜餚非常具有性價比（可翻回第2章第6節複習）。

因此，在景氣不佳的時期，誘餌行銷法往往能使消費者產生自己做出理性購買的錯覺。

3. 搶購行銷術

在行動商務時代，消費者為了省錢，往往對各種搶購活動感興趣。然而，這些活動的目的，是為了讓消費者關注我們的產品。

藉由設置整點搶購，在活動開始之前，消費者會反覆閱讀搶購的規則及產品。這麼做能在潛移默化中，增加消費者對產品的了解，雖然消費者在搶購活動中經常失利（數量有限，大多數顧客會買不到），但在同類商品的比較和選擇中，他們今後的購買意願會趨向於選擇我方產品。

原理解密：反覆閱讀、多次出現，符合了單純曝光效應（Mere Exposure Effect，也稱重複曝光效應）的前提條件。單純曝光效應

圖4-9　顧客受到單純曝光效應的刺激，對商品產生好感

● 在外界的刺激下，僅僅增加曝光度，個體就會對該刺激產生好感。

是指**在某個外界刺激下，僅因呈現次數增加，個體就會對該刺激產生好感**。例如：在超市購物時，我們通常會在同類商品中，選擇熟悉的產品。

提醒

天下沒有難做的生意，只有不願意動腦筋、不想辦法的行銷人。雖然景氣下滑會使消費欲望減弱，使整個市場呈現萎縮，但我們只要依靠行銷心理技巧，依舊可以維持市占率。

廠商必須破解「路徑依賴」，以免被市場淘汰

消費者未必接受品質過度優良的商品

假設A、B兩款手機的硬體設備和參數幾乎一樣，唯獨品質不同。A款手機售價1萬8千元，品質保證10年；B款手機售價9千元，品質保證5年。

估計絕大多數的消費者不會選擇A款手機，你可能會問：「真的有愚蠢的企業，推出品質保證期這麼長的商品嗎？」

2010年，正當各大手機運營商聚焦於蘋果和安卓等智慧手機時，當年的手機巨頭之一摩托羅拉（Motorola），卻依舊把注意力放在如何提升品質上。

時任執行長丹尼斯・伍德賽德（Dennis Woodside），在要更新手機還是提升品質上，選擇一條與蘋果、安卓完全相反的發展道路，甚至推出能承受從60層樓高的地方摔落，螢幕依舊完好無破損的機型。如今，昔日的手機巨頭早已乏人問津。

日本白色家電製造業（指電冰箱、洗衣機、微波爐等家電用品），包括夏普、索尼、東芝、富士通等家喻戶曉的品牌，也在過去遭遇相同困境。

日本許多白色家電企業，截至2016年底，市價已蒸發將近2/3有餘。顯然，越過一定的水準之後，高品質已不再是顧客感興趣的唯一對象，企業企圖藉由提升市場不需要的品質，來增加銷量的做法明顯不是明智之舉。

 我們需要克服什麼心理障礙？

如此淺顯易懂的道理，為何這些世界500強的企業會一頭栽進去而不自知？其中的關鍵在於，企業未能克服路徑依賴理論（Path Dependence）這項障礙。

所謂路徑依賴理論，是指**人類的技術演進或發展會出現慣性，一旦進入某個路徑（無論是好還是壞），便可能對這個路徑產生依賴，一旦做出某個選擇，就會因為慣性的力量，使這個選擇不斷被強化，以至於很難走出去**。

為了證實路徑依賴真的存在，心理學家曾將一群猴子放進籠子裡，並在中間掛一串香蕉。每當有猴子企圖獲取香蕉時，實驗人員就會用高壓水槍教訓所有猴子，直到猴子不敢動手。

之後，再把籠子內的其中一隻猴子，替換為新的猴子。由於新猴子不懂這裡的潛規則，試圖伸手觸碰香蕉，引來猴子們的憤怒，於是遭到眾多猴子毆打，直到懂規矩為止。

實驗人員逐步替換所有被高壓水槍教訓過的猴子，直到最後，籠子內的猴子都不是第一批成員，令人訝異的是，沒有一隻敢觸碰香蕉。

一開始，由於實驗人員的干涉，猴子害怕不斷受到懲罰，但後來即使沒有人員和高壓水槍的教訓，猴子卻依舊出現自我管理的現象，這證實了路徑依賴理論真的會強化某個選擇。

在企業的發展過程中，曾走錯路徑的企業早已紛紛倒閉，而走對路徑並持續從中獲利的企業，則成長為世界500強企業，其中幾家企業就如前文所述，在早期靠著優良的產品品質，獲得消費者的認可，取得驕人的成績。

不過，正所謂「成也蕭何，敗也蕭何」，由於路徑依賴的自我

圖4-10　路徑依賴效應

● 人們進入某個路徑，便可能對該路徑產生依賴。

強化，這些企業在同一條路徑上持續走下去，盲目地追求過剩的品質，直到現今成為他們的夢魘。

破解路徑依賴有方法！

「低頭趕路，更要抬頭看路」，在設計新產品時，一味站在企業的角度，假想消費者需要更高品質的商品，顯然不是好的做法。因此，破解路徑依賴的最佳方法，是藉由市場調查，了解消費者真正追求並且需要的東西是什麼。

舉例來說，手機製造商可以透過大數據，了解大眾多久更換一次手機，然後以此為設計產品的依據，平衡價格與品質之間的關係，從而提供一個消費者較能接受的產品和價格。

提醒

第一線的行銷人是嗅覺最靈敏的前哨，可以從銷售數據中提出合理的假設，與產品經理探討產品是否處於路徑依賴中。一旦意識到有問題，企業就要重新審視消費者的真正需求，為產品注入新活力。

08 從賣手機到開餐廳，如何讓顧客大排長龍也甘願？

正如電視台無法同時讓所有觀眾觀看同一個頻道的電視劇，任何企業也不可能獨占整個市場。

在競爭激烈的市場中，如何讓消費者不斷購買自家的新產品？如何讓消費者在企業產能有限的情況下願意等待，而非立刻轉身投入其他企業的懷抱？這些難題困擾著每一家企業。

本篇將解說行銷人可以依靠什麼心理技術，讓消費者心甘情願等待。

讓客戶心甘情願等待的3個技巧

1. 等待時有事可做

餐飲業有一個最大的難題，那就是離峰時段往往門可羅雀，到了尖峰時段顧客又會蜂擁而至，商家就不得不面臨餐桌不足、產能不夠的窘境。

面對大排長龍的用餐者，不少顧客會轉而前往其他店鋪用餐，每個月累計下來，對公司來說可是一筆不小的銷售額損失（Revenue Loss）。

許多餐廳對此束手無策，但熟諳顧客等待心理的餐廳想出一個妙招：在顧客等待的區域設立遊戲區、提供免費的美甲服務，讓顧客在不知不覺中，等到自己的座位，商家也能從中保留願意等待的消費者。

1984年，心理學家大衛・梅斯特（David Maister）研究排隊等待的心理實證後，發現一個秘密——**在人們的心理上，無所事事的等待所花費的時間，比有事可做的時間還長**。

根據這項原理，縮短消費者感受的等待時間，用棋牌、遊戲、免費美甲等服務綁住顧客，讓顧客有事可做，便覺得等待時間過得很快。

2. 事先做好心理準備

去過巴黎凡爾賽宮的人，會發現參觀的隊伍雖然排得很長，但遊客都井然有序、不焦不躁。其實，這是由於每隔幾公尺出現的告示牌，上面都會寫著：僅需等待10分鐘。

這是工作人員經由大量的實踐，得出結論後設置的標識。看到這些告示牌的遊客們，彷彿吃了一粒定心丸，不會感覺等待的時間很長。

目前，這項心理技巧也被推廣到迪士尼樂園、環球影城等需要長時間排隊等待的娛樂場所。就連網路連續劇裡的廣告，也開始運用這項技巧：每次廣告開始，角落就會出現「〇〇秒後馬上回來」的標識。結果證明，僅僅使用這一招，就能讓觀眾的轉台率大幅下降。

同樣出自梅斯特教授的手筆，即**在人們的心理上，不確定的等待所花費的時間，比已知的、有限的等待時間更長**。透過讓等待的時間視覺化，可以有效平復顧客的焦慮，提高消費者對服務的滿意度。

3. 用高價值吸引顧客等待

每次，某知名智慧型手機的新產品照發布在網路上時，就會引起粉絲們爭相討論。這些新科技資訊勾起粉絲的興趣，使他們翹首

圖4-11　消費者的等待心理

1. 無事可做時，等待的時間感覺很長

2. 有事可做時，等待時間過的很快

盼望，期待早日買到最新款產品。

　　即使是一般品牌，也逐漸學會適時更新，並在新產品發布前，提早公開產品最大的賣點，讓消費者暫時抑制購買其他品牌的衝動，產生再等一下的心理。

這項舉措符合梅斯特等待心理學的另一個結論：**服務的價值越高，人們願意等待的時間越長**。企業只要學會使用這項原理，在新產品發布前，突顯有別於競爭品的高價值，消費者就有極大的機率心甘情願地等待。

提醒

如何改進消費者等待的體驗，以及縮短等待時間，是行銷人必須做的功課之一。掌握以上3種等待的技巧，並活用到工作中，一定能幫助我們守住更多市占率，為企業提升業績。

09 推出新產品卻流失老主顧？你得鞏固目標客群

在具體的行銷過程中，行銷人經常會遇到令人不解的問題，以下列舉2個例子：

1. 某款牙膏無論在功效、設計、包裝還是價格上，都已經做到最好，但市場調查資料中，總會出現老顧客流失的狀況。
2. 同樣是酸菜口味的泡麵，一部分的人會盯著你的品牌購買，也有另一部分的人雖然喜愛你的產品，但依舊嘗試其他品牌。

造成這些結果的原因是什麼？其實，這些在行銷心理學中都有答案，因為它不但告訴你消費者為何這麼做，還告訴你消費者是可以被區分的。

消費者的4種類型

區分消費者的方式有很多，根據最常見的區分模型，行銷人可以從「選擇多樣性」和「講究程度」2個部分，把消費者分為4種類型。接下來，將說明他們的特點，以及可以採取的針對性方案。

類型A：不講究——多樣性消費者

類型A消費者對產品品質較不敏感，但**他們是一群喜愛獨特的好奇寶寶**。

以泡麵為例，這類顧客只要在超市看到新品牌、新口味泡麵，就會想嘗試看看，率先品味一番。即使這次嘗到不美味的產品，下次依舊會在新產品出現時勇敢嘗鮮。

針對性行銷方案：由於新品符合A類消費者的需求，因此若企業的產品主要針對這個市場，就應該盡可能增加子品牌的種類，不斷在市場上推出新口味、新包裝和新名稱，盡可能滿足他們。如此一來，就算他們在不同產品中做選擇，其市占率都會落入我們的口袋。

類型B：不講究——忠誠的消費者

類型B消費者是企業最愛的顧客，他們雖然**對產品的品質要求不高**，但由於某些情感或習慣等因素（例如父母習慣的品牌或價格較低），而成為忠實粉絲，每隔一段時間就會貢獻銷售額。

針對性行銷方案：「不變應萬變」是抓牢這類消費者的關鍵。由於他們習慣某家產品，如果盲目創新，或為了降低成本而改變其中的體驗（例如口感、觸感等使用感受），便會傷害到他們。

舉例來說，某知名咖啡商曾為了進一步削減成本，使用次等的咖啡豆代替原本較高檔的咖啡豆。一開始，喝習慣該品牌的消費者並未發現。後來，公司開始覺得有利可圖，隔年又故技重施，選用更次等的原料如法炮製。

很快地，消費者發覺味道變質後，紛紛轉而購買其他品牌。直到被媒體曝光後，該企業才不得不改回最初使用的原料，但傷害已經造成，公司用了長達數年的時間才恢復朝氣。

圖4-12 消費者的4種類型

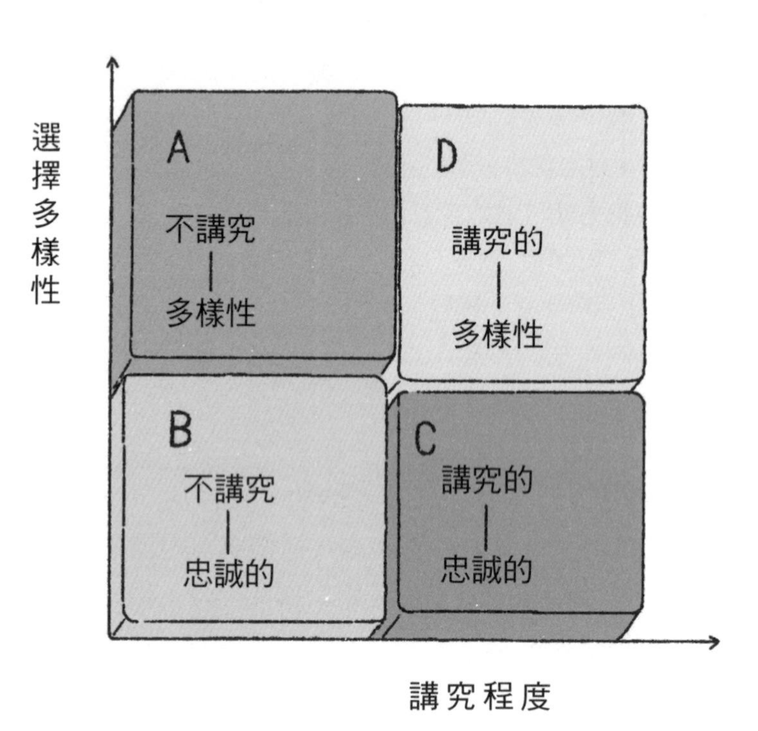

類型C：講究的——忠誠的消費者

我們把類型C消費者稱為意見領袖。由於**他們追求產品的品質，對價格的敏感度偏低，而且是某類產品的忠實粉絲**，所以他們在使用的過程中，會體現自己使用該產品的優越感。

這種優越感猶如第3章第4節提到的病毒式行銷一樣，會迅速在這類消費者的人際圈裡傳播，促使其他類型的消費者前來嘗試，甚至購買產品。

圖4-13　針對4種類型消費者的行銷方案

針對性行銷方案：既然獲得類型C消費者是企業的目標，就要在產品的每一個細節上下足工夫。這雖然不是要企業不計成本提高品質，但品質過關只是基本條件。在產品、包裝乃至服務環節的設計上，都是企業需要持續改進的重點。

以餐飲業為例，某品牌會主動贈送小朋友玩具，顧客生日當天用餐還會贈送蛋糕，這些做法毫無疑問地抓住了類型C消費者的心，甚至成為北京大學、清華商學院教授研究的對象。

類型D：講究的——多樣性消費者

類型D消費者可說是最難吸引的消費者。首先，如果你的產品品質一般，他們會不屑一顧。不過，即使你家產品品質卓越，他們也可能投入其他高品質同類產品的懷抱。

因此，**類型D消費者是在高品質產品中徘徊不定的一類**。他們會在追求使用體驗的過程中，透過不斷嘗試來滿足新鮮感。

針對性行銷方案：與他們打交道要學會穩定心態，由於他們總會離開，因此把產品做好便是最有效的方案。

提醒

在將消費者分類後，我們可以自信地放棄不屬於我們的選項，以理性和果斷的策略，選擇要主打的目標市場，有效分配資源和注意力，並在行銷策略的思維下，奪得屬於我們的市占率。

10 凸顯商品的強項與特點，才能擴大市占率

現代社會的商業結構已從物資匱乏年代的供不應求，轉變為供大於求的產能過剩時代。隨著商品種類的日益豐富，消費者在做購買決策時，也會面臨更多選擇。

舉例來說，家裡要更換排油煙機，在網路上搜索後發現，品牌高達好幾十個，而且每種品牌下面也有各種型號。將近數百種不同的排油煙機，簡直讓消費者頭昏眼花。

競爭如此激烈，該如何讓消費者在面臨選擇時，挑選我家產品？這時，就需要了解他們在選擇商品時的心理。這種心理一般會遵循2個原則，我們把它稱為商品的「類似性」和「差異性」。

 產品掌握類似性與差異性才是關鍵

商品的類似性是指，在同類產品中，為了滿足消費者的基本需求而產生的優點或特性。用前文提到的排油煙機為例，大部分消費者會選擇吸煙能力強的產品，這個優點便是這款產品的類似性。

然而，光有類似性不足以吸引顧客購買我方產品。這時，差異性才是攻心的真正關鍵。那麼，什麼是差異性？

差異性是指有別於同款產品基本特徵的突出特點。這種特點會讓商家以此作為行銷切入點，成為讓消費者購買的亮點，例如：既能滿足消費者基本需求的同類商品，又能在價格上有優勢，如此一

來，極高的性價比便是這款商品的差異性。

又如某智慧型手機雖然價格偏高，但它藉由每次的創新，引領時代的潮流，那麼創新程度便是該智慧型手機的差異性。

既然差異性如此重要，我們又該如何思考並挖掘產品的差異性，讓我方產品在銷售額和市占率上獨樹一幟？

構建產品差異性的2步驟

1. 挖掘產品層面

任何產品都有可供評價的層面。行銷人要設法挖掘這些層面，進而為了實現產品差異性，提供思考的角度。

以餐飲業為例，我們至少可以羅列出5個層面，包含價格、口味、服務、環境、創新。再以家電為例，我們也能挖掘出價格、品質、使用體驗、售後服務等4個層面。

2. 結合實際優勢，找到突破維度

每個企業都有自身優勢，充分發揮做得最好的特點，能有效落實產品的差異性，為自身獲取超額收益，並提供有利的競爭武器。

舉例來說，某火鍋店家的價格偏高、口味一般、用餐環境也只有通過中等偏上的門檻。然而，他們卻以優秀的服務體驗和創新，獲得大多數顧客的認可，成為火鍋界的龍頭企業。

上述案例中的企業用2個層面獲得優勢。假如我們只有1個層面有優勢，也能在競爭激烈的市場中獨占鰲頭嗎？答案是可以，只要做到一點突破，也能讓產品在市場中贏得勝利。

舉例來說，某品牌的排油煙機在價格、品質、使用體驗、售後服務等4個層面中，以靜音的使用體驗作為主要賣點，充分解決顧客在烹飪菜餚時，因為噪音聽不清楚家人說話的痛點。只要充分進行宣傳，顧客自然會買單。

圖4-14　用維度建構產品的差異性

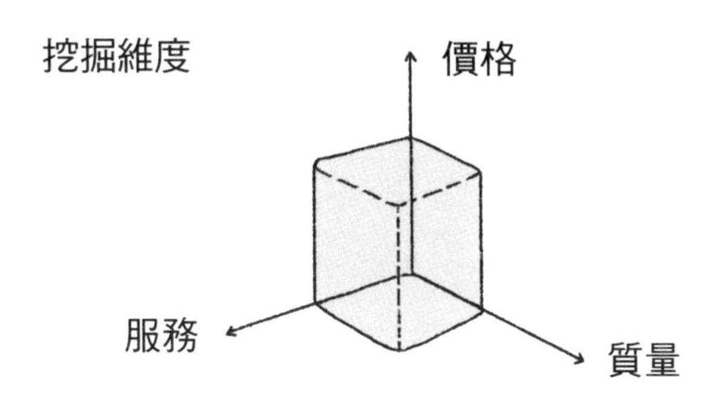

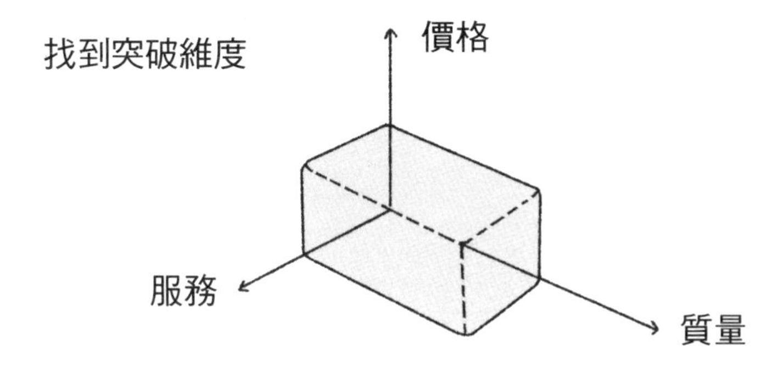

提醒

隨著市面上的產品種類日益豐富，企業唯有找出自身優勢，製作出擁有類似性與差異性的產品，才能在產品過剩的時代下，贏得消費者的心。

你相信自己的大腦嗎？你親眼所見、親耳所聞的是事實嗎？心理學沒有正確與錯誤之分，別有用心的人卻會拿來誤用。因此，我們應該擦亮眼睛，識別那些行銷詐騙。

第 5 章

小心惡用！專家揭開行銷騙局的內幕

01 騙局1 貼上帥哥美女照片，慫恿網友不斷斗內

已婚人士容易上當的網路詐騙

Terry婚後感到非常空虛。某天，自稱Lisa的女大學生，添加Terry為社群通訊好友，並在聊天的過程中得知Terry已婚，卻依舊暗示他，自己想找一個情人，宣稱不會影響彼此的生活。Terry聽到這種說法後，表示願意成為她的情人。

在之後的聊天中，雙方都很愉快。某次，Lisa表示，如果Terry有足夠的誠意，應該向她發送可換成現金的點數作為誠意資金。

Terry二話不說，立刻發送200元的點數給她。Lisa收到後，回傳一段甜美的語音：「你是第一個送我誠意資金的人，我很開心。如果你再發送一筆點數給我，具體金額我不講，展現你的誠意，我就不去找其他人。」

Terry反覆聽著甜如甘飴的語音，看著畫面上Lisa可愛的頭像和姣好的容顏，Terry又轉帳1千元。結果對方回覆：「你太小氣了。」又接著傳一個笑臉表情。就這樣，從幾百到幾千元，Terry在認識Lisa的一個月內，轉了將近2萬多元給她。

某日，Terry再次發送點數給Lisa時，Lisa以見面為條件，要求Terry轉帳5萬元，然後約在某個地點見面，碰面後會歸還這筆錢。Terry考慮了整個上午，最終咬牙轉帳給Lisa。

沒想到Lisa突然人間蒸發，從此毫無音訊。Terry確定自己受騙

後也不敢聲張，因為如果揭露整件事，就會曝露出他的出軌意圖，只好將這件事往肚裡吞，當作什麼事都沒有發生。

 揭密網路騙財的手法

上述例子屬於典型的網路詐騙。騙子利用男性喜歡尋求刺激的心理，逐步從小額資金到大筆轉帳，循序漸進地利用心理技巧，讓受騙者一步步陷入他們事先規劃的陷阱，具體套路如下：

1. 網路詐騙者會把自己的社群頭像設定成俊男美女。
2. 到處撒網，找到願意加為好友並交談的人。
3. 以成為對方的情人為誘餌，先撒嬌騙取對方的小額現金。
4. 用動聽的聲音錄製語音，或發幾張照片給對方作為甜頭。
5. 藉由撒嬌或是說對方小氣，讓對方產生愧疚感，藉此抬高轉帳金額。
6. 以見面作為誘餌，讓受害者卸下防備，最後再撈一筆大金額，從此銷聲匿跡。

詐騙者總會挑選已婚人士的原因有以下3點：

1. 已婚人士容易感到空虛，願意尋求刺激。
2. 財富較多，得手後收益相對較大。
3. 事發後對方會顧及婚姻而不敢輕易報案。

在同時詐騙許多受害者之後，短短數個月的詐騙金額可以高達好幾十萬元，甚至更多。

圖5-1　網路詐騙手法常用的3個步驟

1. 用俊男或美女的頭像誘惑受騙者。

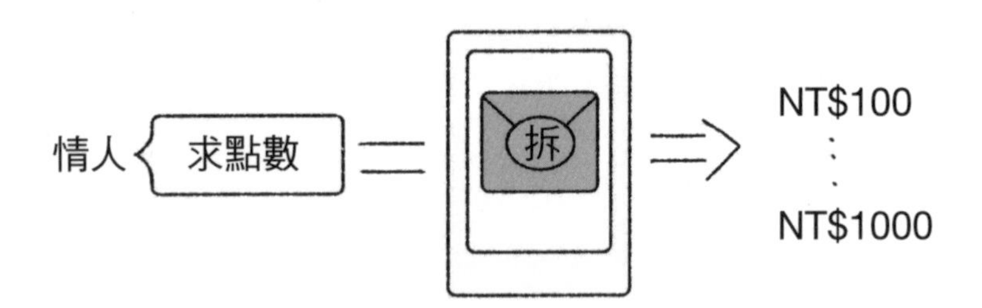

2. 假裝成為情人，騙取小額現金。

3. 以見面為由騙取大筆現金，並聲稱見面後會奉還。

網路詐騙中蘊含的心理技巧

為何這些人會乖乖轉帳給陌生人，而且累計金額高達好幾萬元？這裡和第3章第1節的登門檻效應，有著重要的關連。

在上述案例中，Terry聽到Lisa的第一個要求時，本能地覺得即使損失200元也沒關係，因此二話不說立刻發送過去。身為詐騙者的Lisa也繼續以溫柔的聲音對Terry下藥，而Terry為了使自己的形象保持前後一致，內心雖然猶豫，卻依舊轉帳1千元給她。

後來的發展與之前如出一轍，Terry越陷越深，直到對方人間蒸發後才終於清醒。

心理學的誤用

值得一提的是，上述詐騙是濫用心理學的典型案例。心理學彷彿一把榔頭，學習者若是用它來敲打釘子、組裝物品，就是用在正途上；若用它來打人、危害他人安全，則是用在歧途上。

因此，心理學本身沒有欺詐的成分，而第5章提供8個騙局，目的在於向讀者展示典型的詐騙形式，以及背後隱藏的心理學原理，讓我們可以輕易識別對方是否濫用，從而有效地避開他們，讓我們在通往成功的坦途上走得更穩。

提醒

學習行銷心理學，並掌握各種心理技巧及典型案例後，就能在第一時間發現詐騙者的馬腳，防止自己和身邊的人成為受害者。

02 騙局2 抓住貪小便宜的心態，設計詐財旅遊行程

當心經過包裝的旅行詐騙

旅行能夠放鬆自己、釋放壓力，是一件令人愉快的事。然而，不少人卻因此落入詐騙陷阱，一場快樂的體驗不幸變成終生難忘的慘痛經驗。

Alice帶著母親到某地遊玩時，在當地舉辦的競賽中獲得兩份旅遊大獎，她們非常高興，卻未預料到這是一場騙局。

一開始，負責接洽的導遊態度很好，說話十分風趣，把中獎的一車幸運兒逗得前俯後仰，還貼心地提醒旅行時的注意事項。接著，他的語氣突然轉變，音量變得小聲，說：「司機雖然說話比較凶，但只要大家配合，就不會對大家怎麼樣。」

然後正題來了，導遊表示晚上要帶他們到當地人家體驗當地生活，要求每人提交2千元補貼費用。話一說完，就立刻有幾個同團成員表示這個活動安排得很精彩，馬上交錢給導遊。

Alice本來想看看其他團員的反應，卻發現不少人礙於面子的關係，只好妥協付款，最後只剩下她們母女。司機看到這個情況，黑著臉說：「必須付錢，否則就下車。」

母女倆人生地不熟，外面又是荒郊野外，只好乖乖付錢。

到了下午，導遊把他們一行人帶到號稱出產緬甸玉的店鋪。一小時後，導遊開始確認哪些團員沒有消費，司機便凶狠地說：「有

人沒消費就不開車。」

此時，有消費的團員開始對沒有消費的人施加壓力，請他們隨便買一些東西，導遊也幫腔說：「出來玩總要買些紀念品嘛。」

直到此時，Alice才明白，這根本是一場旅行詐騙。

揭密旅行詐騙的手法

Alice母女倆遇到的旅行詐騙，是針對人們愛貪小便宜的心態，先用一個誘惑把消費者綁住，然後在後期逐步增加消費內容，最終受害者遭騙的金額往往會高於一般旅行的花費。

在旅行詐騙的過程中，詐騙者使用了以下手法：

1. 用免費、中獎或低價的字眼，吸引貪小便宜的消費者。
2. 用和善的語氣綁住消費者，當司機駛入不可換乘其他交通工具的地方後，表示必須追加費用，否則要放人下車。
3. 由安插在受騙者中的同夥人率先付款，促使受騙者付款。
4. 其中一方施予受騙者壓力，強制他們消費，另一方則從側面給予壓力，說服受騙者消費。

在這種多重組合的壓力下，原本想要貪圖便宜的消費者，不得不為自己的貪婪買單，使原本釋放壓力的旅行演變成壓力劇增的受騙體驗。

旅行詐騙中蘊含的心理技巧

首先，詐騙者使用第3章提及的登門檻效應，若一開始就在宣傳廣告上標明行程為「沿途風光（車費200元）+晚宴（餐費3000元），而且必須在緬甸玉店鋪消費」，多數消費者肯定不會參加。

圖5-2　消費者容易受到從眾行為的影響，改變自己的決策

當多數人做出相同行為或決定時，自己的選擇很容易被影響。

然而，騙子利用中獎的形式，邀請消費者前來參加旅行（微不足道的小請求），在遊客不可能返程時，再提出追加消費（大請求），不少消費者便會乖乖就範。

其次，詐騙者的同夥人在說服受害者買單的過程中，也發揮極大的功用。藉由第3章第4節提到的從眾行為，同夥人率先付款等於是引導更多團員付款，讓少數不打算付費的團員礙於大眾壓力的驅使，改變自己的行為。

最後，在這場旅行詐騙中，導遊、司機和同夥人還透過黑白臉效應，管理少數不願意配合的團員。

黑白臉效應是指，人們因為表揚和批評所引起的正反心理現象。美國行為學教授肯・布蘭查德（Kenneth Blanchard）研究發現，75%到85%的影響力來自表揚和批評帶來的效果。

本案例中，司機扮演黑臉，用威脅的語氣影響團員，導遊和同夥人則扮演白臉，用鼓勵的方式說服他們，最終一舉騙取受害者的錢財，完成這場精心設計的騙局。

提醒

天下沒有免費的午餐，尤其出門在外更要謹慎小心。唯有熟知旅行詐騙的手法，理解背後暗藏的心理技巧，才能好好保護自己，讓我們和親朋好友免於落入旅行詐騙的陷阱。

03 騙局3 舉辦義診或講座，推銷劣質的健康食品

 讓受騙者產生好感，以降低其戒心

隨著社會不斷發展，人們越來越關心自己的健康狀況。尤其是已退休的老年人，往往有錢有閒，擔心吃下肚的東西是否健康，甚至認為平常吃的食物無法滿足身體需求，因此把注意力轉移到健康食品上。

許多騙子正是抓住老年人這個心態，展開一系列詐騙行為。

某天，70歲的馬先生在社區裡運動，一位自稱是某大學中醫系的小李，表示想免費贈送健康雜誌給附近的老年人做公益。馬先生見到年輕人如此熱心，便產生好感，收下這本雜誌。

馬先生在與小李閒話家常的過程中，透露自己患有高血壓及糖尿病，且領有一個月2萬元的退休金，還有子女在國外工作的情況。臨走前，小李邀請馬先生參加週六舉辦的免費義診活動。

義診當天，現場湧入許多人潮，馬先生測量血壓與脈搏後，聽了自稱專家的人給他的生活建議。離開前，小李特地贈送馬先生2袋健康大米，讓馬先生感動不已，打從心底認為這和新聞上說的健康食品詐騙完全不同。

在後來的幾個月裡，小李經常來馬先生家裡做客，馬先生也時常參加一些鼓吹健康食品，但不強制購買的義診和演講活動。小李每次都會在會場中向馬先生噓寒問暖，甚至送他毛巾、肥皂等日

常用品。這些舉動讓馬先生對他產生虧欠感，認為自己總是在占便宜。

有一次，馬先生終於忍不住問小李：「上次你給我的健康大米很不錯，能再給我一些嗎？」說著便拿錢出來。小李問：「當然可以，您需要多少？」馬先生說：「給我2箱吧。」

從此以後，馬先生每個月都以3千元的高價，從小李手中買下號稱能越吃越健康的大米。

 揭密健康食品詐騙的手法

你可能認為，上述案例一個願打、一個願挨，怎麼會是詐騙？如果你看清其中的手法，或許就會改觀。常見的健康食品詐騙步驟如下：

1. 尋找正在運動的老人，因為他們較關注身體健康。
2. 了解他們的情況，確定是否有需求或足夠的消費能力。
3. 發送免費的健康刊物，引起他們的興趣。
4. 博取好感後，邀請他們免費參加義診等服務，藉機宣傳產品，且不在活動之初要求購買，以降低其戒心。
5. 不斷贈送低成本產品，使老年人產生愧疚感與補償心理。
6. 在取得信任後，等他們主動提出購買健康食品的意願。

只要做到上述中的每一個步驟，九成的老年人便會落入詐騙陷阱。然而，這些健康產品實際上沒有太多益處，通常只是刻意提高費用，塑造產品的優良形象。只要稍微在網路上搜尋，就會發現同品質產品的售價遠遠低於這些產品。

圖5-3　健康食品詐騙常見的模式

1. 免費贈送健康刊物。

2. 邀請老年人參加義診，並免費贈送低成本產品。

3. 獲得受騙者的信任後，以高價賣出產品。

健康食品詐騙包含的心理原理

人們總是對免費的東西沒有抵抗力，卻總在受到恩惠後產生愧疚感，迫使自己付出更多來回報對方。這就是我們在第2章第4節提及的互惠原理。

互惠原理的威力在於，即使是來自陌生人給予的小恩惠，也會令我們產生負債感，而為了償還這種感覺，我們會傾向於做出有利於對方的方式，來回報對方。

在健康食品詐騙的諸多案例中，詐騙者經由聊天，洞悉目標對象有恩必報的程度後，再藉由小小的人情，觸發對方的負債感，從而達成既定任務，使其成為高價健康食品的長期顧客。

此外，不要覺得邀請目標對象參加義診、宣傳等活動，卻不推銷便沒有功用。根據第4章第5節提到的單純曝光效應，受騙者只要多次參加活動，便能在他的心中種下購買產品的種子。

提醒

健康食品詐騙看似無害，本質卻是用昂貴的價格，誘導缺乏訊息的老人不斷購買效果不顯著的產品，這是一種運用心理學原理的詐騙手法。唯有讓年長者了解其中的手法和原理，才能讓他們擦亮眼睛，不再跌入騙局之中。

04 騙局4 提供免費檢查服務，趁機偷換電子零件

電器的維修領域中總是暗藏玄機，以下案例便是常見的號稱免費維修詐騙手法：

兩個月前，姚小姐家裡的桌上型電腦不斷重新啟動，她便上網找到一家號稱免費提供上門維修服務的店家。

技術人員經過一番檢查後，說了一堆專業術語。姚小姐雖然聽不太懂，但大致了解這台電腦有許多問題，需要拿到技術人員所說的專業工廠，做進一步檢查與維修。

第二天，姚小姐致電該店鋪詢問維修進度，店員表示其中一個重要晶片已損壞，需要支付3千元才能更換。姚小姐認為事有蹊蹺，便詢問熟悉電腦的同事，同事告訴她這個維修價超過一般維修的價格。

姚小姐拿回電腦後，決定到正規的維修店檢查，在付了600元更換記憶體後，機器便可以正常啟動。不過，姚小姐發現開機的時間比以前還要久。經過仔細檢查之後，發現原本的晶片被調換了，但苦於沒有證據，姚小姐只能選擇安慰自己。

揭密免費的專業維修詐騙手法

類似上述的詐騙事件層出不窮，詐騙者不外乎使用以下手法：

圖5-4　電器詐騙的常見步驟

1. 提供免費上門服務，吸引受騙者

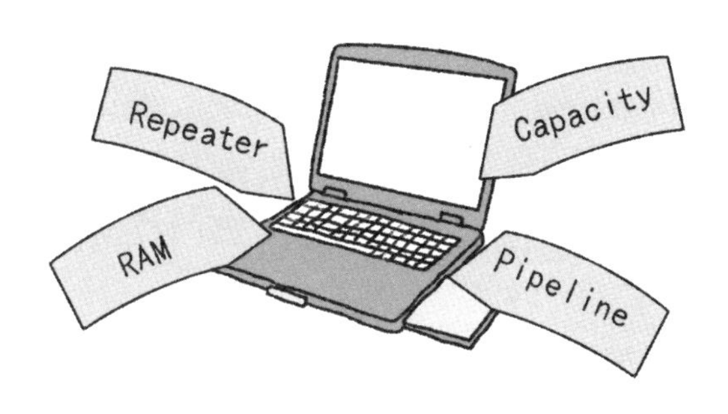

2. 用專業術語欺騙對方必須進廠維修

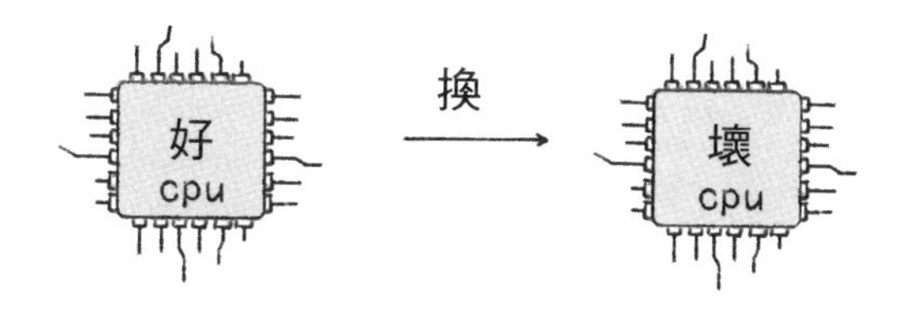

3. 偷換機器中值錢的零件

1. 用免費上門檢查或維修作為誘餌，吸引受騙者，並在交談過程中，了解其對機器的熟悉程度。
2. 利用專業術語提升自己的專業形象，並告訴你機器存在許多問題，必須進廠維修，而且要支付昂貴的費用。

3. 在歸還機器之前，偷換值錢的零件。

只要不曾遇過類似的詐騙手法，或對電器不了解的消費者，便容易落入詐騙者事先設下的陷阱中，最終礙於沒有充足的證據申訴自己受到欺詐，而蒙受經濟和心理上的雙重損失。

 電器詐騙暗藏的心理學原理

免費上門維修和大量運用專業術語，是人們選擇和相信詐騙者的關鍵原因。

前者運用詐騙案中常見的登門檻效應，即詐騙者以免費為敲門磚，登入你的家門，假裝為你檢查機器，企圖實施後續的欺詐計畫，而後者使用第3章第8節提及的暈輪效應，讓消費者對技術人員產生信任後，把電子設備帶到工廠。

由於受騙者不懂電器的具體技術，會不自覺地對滿口專業術語的技術人員產生盲目的信任，讓詐騙者有機可乘，成功騙取高昂的維修費，甚至偷換昂貴的零件。

提醒

電器是現今人們不可或缺的產品，而保養和維修是我們必然會遇到的問題。因此，我們不能被免費檢查矇騙，更不可輕易答應維修人員的要求，而是選擇正規或專門的付費維修服務。

05 騙局5 假冒投資專家報明牌，引誘股民支付會費

投機不成反被騙的案例

你是否遇過號稱100%精準預測股票的股神？若曾經遇過，是否讓你嘗到被騙的滋味？以下案例是常見的投資詐騙手法：

Anderson是一位職場白領，工作幾年賺了一些閒錢，在同事的鼓舞下開了帳戶，準備用股票投資理財。

某天，他收到一封郵件，對方自稱是某知名研究所，研究出一套能精準預測股票漲跌的大數據演算法，並給他一支宣稱「今日必漲」的股票代碼。Anderson只須見證他們大數據演算法的實力，無須做任何動作。

由於Anderson平時也會收到許多垃圾郵件，所以沒有太在意這封郵件。隔天，當他整理郵件時，無意間又瀏覽到該郵件。出於好奇，他決定打開手機驗證這支股票，結果令人震驚，這支股票真的漲了5%。

午飯前，一封新郵件幾乎和昨天同一時間，寄到Anderson的電子信箱中，郵件依舊斬釘截鐵地說：「○○股票今日必漲。」

就這樣一連幾天，除了漲跌幅度有高有低之外，每次的預言都被準確地驗證。

某天午飯前，郵件如期而至，結尾處卻寫著：「如果願意相

信我們，請轉帳9千元到以下帳戶，以後會繼續發送股票資訊。」Anderson開始覺得有點心動，畢竟只要股票一漲，9千元就能馬上回本了。

Anderson下定決心後，立刻將這筆錢轉入對方的帳戶。可是，悲劇就這樣發生了。Anderson以為這是一個嶄新的開始，但事實卻讓他不得不清醒，一場詐騙已經結束，因為對方再也沒有發送郵件給他了。

 揭密投機預想的詐騙

Anderson落入的陷阱被稱為投機預想詐騙。在此類圈套中，詐騙者通常有一套科學的詐欺手法：

1. 利用股民開戶留下的郵件帳號，向大眾發送股票預言，但事實上預言不一定準確。
2. 股票收盤後，隔天會再次向第一天信中預言有猜中的人發送預言。
3. 重覆以上步驟，直到大約第5輪過後，會剩下被篩選出來的「幸運兒們」。
4. 預言結束後，剩下的人有很大的一部分，會對詐騙者的預言能力佩服得五體投地。
5. 此時，詐騙者會以有償繼續提供預言為誘餌，讓深信不疑的人支付會費。

當這些人付完會費，以為即將走上財富自由之路時，才會發現騙子早已銷聲匿跡，原來想靠這種資訊致富只是黃粱一夢。

圖5-5　訴諸權威表示，能力出眾的人容易讓對方信服

 投機預想詐騙的心理學原理

除了針對人性的貪念之外，詐騙者還利用訴諸權威的心理，成功獲得投資者的信任，為最終的臨門一腳做足準備。

訴諸權威（Appeal to Authority，又稱偽托權威、援假權威），是**指一個組織或個人因為地位高、能力出眾、具有權威，所說的話**

便容易引起他人重視，讓人相信其正確性。

在投機預想詐騙中，欺詐者利用機率，篩選出每次都獲得正確預測的投資者，在這些人的心中樹立權威，然後利用他們的期望和安全感，最終成功騙取他們的會費。

提醒

投資預想詐騙是結合機率統計和心理學的騙術，身在局中的人們難以識破其詐騙成分。投資者千萬不能盲目相信權威、專家或高科技的預測，唯有靠著自己的判斷，選擇合適的投資機會，才得以實現財富自由。

06 騙局6 占卜師以模糊的語言，勸誘人們花錢改運

常見的占卜詐騙案例

同事小楠最近突然改名叫小培，大家一開始都以為她在開玩笑，沒想到是真的，小楠甚至拍照上傳身分證上的新名字到社群，要求所有朋友、同事用新名字稱呼她。

經過同事的一番了解，原來小楠經由朋友的推薦，認識一位號稱占卜大師的人。這位大師僅用三言兩語，便把小楠的性格描述得十分到位，引起她極大的興趣。

在兩人暢談的過程中，大師甚至說出小楠曾在孩童時期生過一場大病，並知道最近她的事業發展沒有很順利。這些事實讓小楠對大師的占卜能力佩服得五體投地。

小楠問大師如何破除厄運時，大師沉默了幾秒，眼神望向小楠的朋友，於是小楠在朋友的暗示下，包了3千元的紅包遞到大師手上，希望他指點迷津。

大師經過一番推辭後，終於道破天機，說：「我看了小楠的生辰八字，她五行多木而缺土，最好的辦法是把名字的『楠』改為『培』。」

小楠聽到大師的建議後如獲至寶，以迅雷不及掩耳的速度，到戶政事務所改名。

揭密占卜詐騙的手法

占卜詐騙早已不是新的詐騙手法，從古至今的詐騙流程不外乎使用以下手法：

1. 用模棱兩可的話術，讓受騙者找到符合自身情況的訊息。
2. 藉由識別受騙者的微表情與肢體語言，說出受騙者曾發生的事，引起受騙者的興趣。
3. 透過聊天和誘導性語言，讓受騙者自行吐露資訊。
4. 根據這些資訊做簡單的推理，說出最近受騙者可能會遭遇的困難，誘導他提出請求，讓大師指點迷津。
5. 明示或暗示對方，要給大師金錢或其他利益作為回報。
6. 給出無法證實但煞有其事的解決方案。
7. 以後可能會有進一步的接洽，從而騙取更多財物。

可見得，所有成功的占卜詐騙大師，都是熟悉心理學和微表情的高手，他們的手法不易察覺，總讓受騙者在不知不覺中產生信任感，讓受騙者心甘情願花錢改運。

占卜詐騙背後的心理學原理

在占卜詐騙中，除了識別微表情之外，巴納姆效應也發揮著關鍵的效用。

巴納姆效應（Barnum Effect）是1948年，心理學家伯特倫・福爾（Bertram Forer）經過實驗證明的現象。它是**指即使某種描述十分空洞，人們也會輕易相信這個描述非常符合自己的某些特徵**。

這個實驗非常有趣，福爾教授發給學生一份描述其個人特質的短文，讓他們根據符合程度評分。結果，學生們給的平均分數高達

圖5-6　巴納姆效應指出，人容易相信某些空洞描述符合自身特徵

●即使占卜師的描述十分空洞，人們也會認為非常符合自己的某些特徵。

4.26分（滿分5分）。

這篇短文內容如下：

你希望受到他人喜愛卻對自己吹毛求疵，雖然認為自己性格有些缺陷，但整體來說你都有辦法彌補。你擁有可觀的未開發潛能和

尚未發揮出來的長處。

有時，你看似強硬、嚴格自律的外在，掩蓋著不安與憂慮的內心。許多時候，你質疑自己是否做了對的事情或正確的決定。此外，你喜歡一定程度的變動，在受到限制時感到不適。

你為自己是獨立思想者感到自豪，並且不會接受沒有充分證據的言論，你認為對他人過度坦率是不明智的。有時你外向、親和、喜歡交朋友，有時你卻內向、謹慎而沉默。

看完上述的內容，是否發現這份性格描述有不少地方和自己很像？詐騙者正是利用類似上述模棱兩可的言語，讓受騙者從中拼湊出一個符合自己邏輯的想法，讓毫無經驗的受騙者上當，卻依舊渾然不知自己受騙。

提醒

占卜詐騙歷久不衰的主因，是人們總是對現實感到不滿，渴望改變命運。因此，唯有提高自身的判斷力，明智且審慎地思考所蒐集而來的資訊，才能避免落入占卜詐騙的圈套。

07 騙局7 婚姻仲介騙取高額會費，甚至安排結婚詐財

一去不回的會員費

今年29歲的小雅是一名白領族，公司的女同事居多，平時也沒有和男生接觸的機會，眼看即將步入30歲，渴望擁有家庭的她，開始替自己擔心。

某天，小雅在翻閱女性雜誌時，發現一個曾在廣告上看到的婚姻仲介，心動之下撥打電話，預約上門的時間。

小雅來到婚介所後，負責接洽的服務人員表示和小雅很有緣分，因為她的女兒剛好也在小雅畢業的學校上課，並一邊從資料庫中展示公司的成功率，一邊承諾能在半年內幫助她找到心儀的對象。

小雅翻閱這些資料後，覺得既然那麼多人在這家婚介所找到另一半，憑藉自己還算不錯的條件，沒有理由會失敗。於是決定接受服務，沒想到服務人員話鋒一轉，說：「想要進入服務流程並與心儀的對象單獨見面，要先支付8千元的會費。」

小雅覺得付錢獲得服務是理所應當的事，便二話不說交了錢。過沒多久，服務人員替小雅約了一位35歲的物業經理見面。

可是小雅聯繫對方後，卻發現這位男士早已超過40歲。小雅非常憤怒地告訴服務人員，服務人員連忙道歉，表示自己弄錯了，會立刻安排其他人。

後來，服務人員介紹許多對象，但身分不是和資料顯示的不符，就是見面沒幾分鐘就迅速結束。

經過好幾次相同的過程後，小雅得到的結論是這家婚介所不可靠，但因為平時工作繁忙，沒有時間找他們理論。於是，8千元的會費不翼而飛。

婚姻仲介詐騙手法解密

這些婚姻仲介詐騙，其實從來沒有要服務消費者，只是純粹想騙取會費，他們的手法通常是以下4個步驟：

1. 在符合客群經常看的雜誌或網站上刊登廣告，吸引他們前來。
2. 見面後先用拉近關係的手段，縮短心理距離，再展示大量的成功案例，獲取受騙者的信任。
3. 受騙者繳完費用後，詐騙者會安排他和假成功人士會面。
4. 當合約期滿後，大部分的受騙者會礙於各種原因，放棄自身權益不去報警。不過，針對少數想維護自身利益的客戶，這些機構會以安撫對方，或繳交違約金的方式進行賠償。

有些膽子更大、更離譜的仲介，甚至會聘請專業詐騙者，以房產或財產為目的，採取先結婚再離婚的手段，騙取受害者的錢財。這種難以防備的詐騙手段，獲得的利潤更是不可勝數。

婚姻仲介詐騙的心理技巧

所有詐騙手法不外乎是先取得對方的信任，再設法行騙，婚姻仲介詐騙也不例外。

圖5-7　婚姻詐騙使用的心理學技巧

首先是第4章第5節提到的**單純曝光效應**。行銷是這類騙局最花成本的步驟，透過在各大消費客群關注的網站、雜誌投放廣告，讓消費者頻繁看到他們的品牌，使潛在消費者產生好感。

其次是藉由接洽時的說話技巧，取得對方認同並拉近雙方的距離，例如：「我家女兒和你就讀於同一所學校」、「我的家鄉也在南部」或「你和我的生日同一天」等。

再來是第3章第4節提到的**從眾行為**。詐騙者會向消費者展示他們的成功率，暗示許多會員都成功湊成一對，很多人看了之後，認為自己肯定也會成功，於是心甘情願出資入會。

最後，由於婚姻仲介實際缺乏能力，會以減少退款率為目標，用假資料包裝某方，藉此詐騙受害者，實施假相親。

從結果來看，這類婚姻仲介的主要目的，是在不知不覺中蒙騙受害者，騙取他們的會費。唯有觀察力出眾和了解心理學的消費者，才能看破詐騙者的招術。

提醒

尋找對象是大部分人都會經歷的事。唯有看穿詐騙者的典型手法，才能避免遭受欺騙，在保護財產的同時，保護自己珍貴的青春歲月。

08 騙局8 濫用人們服從權威的心理，詐取巨額款項

小心偽裝權威人士名義的詐騙

小雨在一家大型貿易公司上班。某天，他收到一封陌生簡訊，內容寫道：「小雨，我是你的主管。」小雨看到後，回覆：「您是○○○主管嗎？」對方馬上回傳：「對，是我。你明天早上9點到我的辦公室來，千萬別遲到，到樓下時再傳訊息給我。」

小雨心想，主管平時非常嚴厲，不知道找自己有什麼事，最近好像也沒犯什麼錯誤。

小雨抱著忐忑的心情，如約來到主管的辦公室樓下。按照約定，她傳了一封訊息給主管。主管馬上回覆：「我正在接待貴賓，你在樓下等我一下。」

小雨在樓下來回踱步，大約等了10分鐘，主管又傳訊息給小雨，內容表示：「小雨，我臨時需要動用一筆錢，不過手邊的現金不夠，我把帳號傳給你，你立刻匯1萬元過來，之後給你報公帳。」小雨接到命令後二話不說，立刻用手機匯了1萬元給主管。

過沒多久，主管在訊息中表揚小雨一番，接著再要求小雨多匯1萬元。小雨這才發覺不太對勁，馬上和其他同事確認主管的手機號碼，才驚覺自己被騙。

 揭密冒充權威的詐騙手法

人們習慣服從權威，尤其是公司的主管。因此，冒充權威詐騙的人會設計以下流程，在無形中操弄受害者：

1. 藉由各種管道，獲取詐騙對象的個資。
2. 先稱呼受騙者的名字，告知自己是主管，由受騙者自行說出是哪位主管。
3. 要受騙者隔天到辦公室一趟，使其產生敬畏心理。
4. 以接待主管為由，督促受騙者匯款。
5. 收到款項後要求再次匯款，若沒有成功，則銷聲匿跡。

藉由上述詐騙手法，冒充權威的詐騙者便有機會騙取較高的金額。

 人們為何會屈從於權威？

耶魯大學心理學家斯坦利・米爾格拉姆（Stanley Milgram）曾在1961年組織一場轟動一時的實驗。該實驗主要在測試受試者在權威者下達命令時，人性能拒絕的力量到底有多少。

參與者被告知這是一項關於「體罰對於學習行為效用」的實驗，並扮演老師的角色，實驗人員則在隔壁房間裡扮演學生。雖然彼此無法看見對方，卻能隔著牆壁以聲音互通。

實驗開始時，老師被賦予最高可達450V電壓的電擊控制器。學生只要答錯問題，老師就可以用電擊懲罰。

假冒學生的實驗人員，則會根據老師的懲罰，用答錄機播放受罰後的尖叫聲和其他反應，讓參與者相信，學生每次答錯都會受到真實的電擊。

圖5-8　屈從於權威的實驗

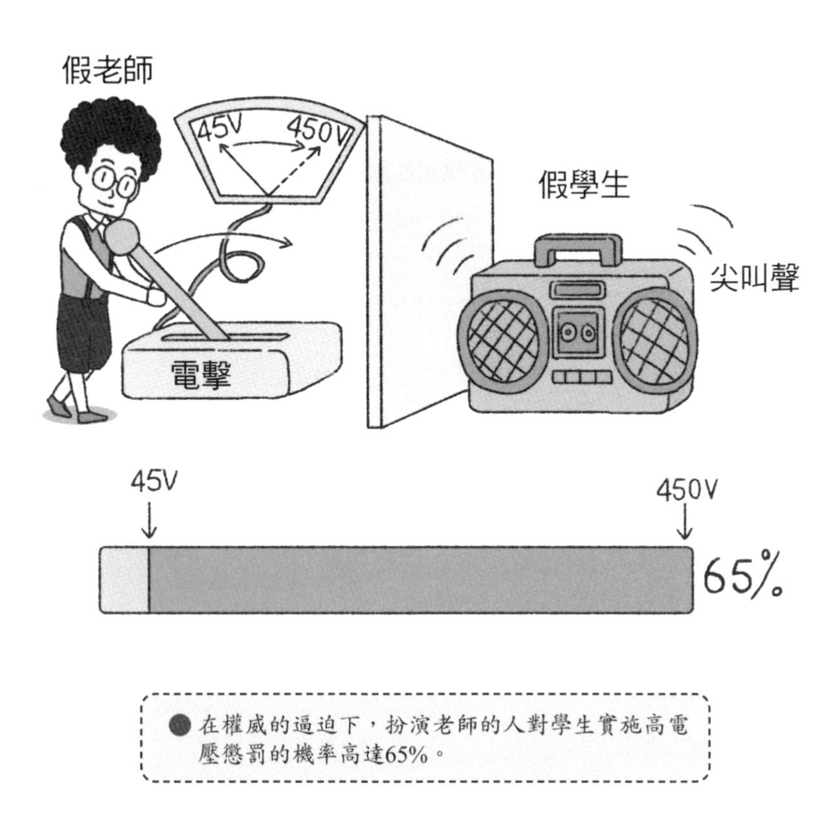

在權威的逼迫下，扮演老師的人對學生實施高電壓懲罰的機率高達65%。

如果扮演老師的參與者表示想要停止實驗，實驗人員則會依照以下順序回覆：

1. 請繼續。
2. 這個實驗需要你繼續，請繼續。
3. 你必須繼續進行。
4. 你沒有選擇權，必須繼續。

如果參與者經歷以上4個回覆後，仍然希望停止，實驗就會真的停止。

原本預想應該只有不到10%的人會屈服於權威，但真實的結果令人震驚：高達65%的受試者都將懲罰加到450V電壓，儘管他們表現得很不願意且不舒服。

由此可見，權威的力量對於心理的影響多麼龐大。詐騙者正是深知人們會屈服於權威，才將這個手法廣泛運用於基層員工身上，並騙取錢財。

提醒

了解冒充權威詐騙的原理後，我們應該在自己盲從權威時，反覆審視和分析具體情況，尤其在涉及金錢的往來時，更應向他人核對詳細訊息，識別是否可能為欺詐。

09 行銷詐騙常操弄8種話術，該如何識破？

我在本章的前8個小節中，介紹了8個消費者容易誤入的典型騙局。在日常生活中，只要見到類似詐騙的影子，就要果斷地判斷是否為欺詐。同時，了解詐騙常見的話術，能幫助你提前識別詐騙者的手法，避免落入他們預設的陷阱中。

詐騙者常用的8個經典話術

1. 我們絕對不是騙子

使用這類話術的詐騙者通常是新手。賊喊捉賊其實是心虛的表現，一旦對方強調自己不是詐騙，我們就可以提高警戒，分析其中的風險大小和利害關係。類似的話術還有「我說一句真心話」、「我是老實人」等等。

2. 如果不相信，我可以只收你訂金

這種說法看似對你有利，實際卻是對方打算運用登門檻效應對待你（請見第3章第1節）。詐騙者以收取訂金，率先對你提出小請求，利用人類本能希望認知趨於協調的特性，再提出更大的請求。

3. 用長遠的眼光來看，肯定會賺錢

這類話術通常會用來對付較謹慎的消費者，因為當一切太順利

時，人們往往會心生警惕。

假如強調短期可能沒有收穫，讓受害者心理上產生一切沒有過於順利的假象，反而符合他們的預期，讓詐騙者更容易行騙。因此，我們必須當心這種話術，千萬不要中招。

4. 你是不是哪裡不舒服？

成功欺騙的第一步是贏得受騙者的信任。

當欺詐者關心你的身體時，人們會本能地產生虧欠感，想要還對方人情（請見第2章第4節的互惠原理）。這種虧欠感會讓欺詐者贏得信任，讓人們在最放心的時刻，落入詐騙者設下的陷阱。

5. 我是〇〇〇介紹的

使用這種話術的詐騙者，利用心理學中的同化效應（請見第1章第9節），透過共同的熟人推薦，快速拉近雙方的距離，使詐騙者說出來的話更具說服力，且容易獲得受騙者的信賴，更能輕易被對方接受。

6. 你看！這是我和〇〇〇的合照

這個話術藉由秀出自己與名人或公眾人物的合照，能在一定程度上讓對方產生信任感，認為詐騙者有一定的實力，與上一個話術有異曲同工之妙。

實際上，只要稍微深入思考，就能想像，或許是詐騙者利用名人不好意思在大庭廣眾之下拒絕他人，而拍下的照片而已。況且，只憑藉一張照片又能說明什麼？

7. 這種優惠價我只跟你說，你別告訴其他人

每個人都渴望受到最好的對待，也總是認為自己獨一無二。詐騙者正是利用人類這項心理特點，用這種看似只對你好的話術，對

圖5-9　詐騙常用句型

每個人都這麼說，增加詐騙成功的機率。

8. 你可以替自己買一次健康

當詐騙者想詐欺的對象不願意付錢時，騙子往往會用這種話術立功。這種話術會讓消費者把花在壞習慣上的錢，替換成購買健康產品，轉而投資自己的健康。

這種在語句中製造明顯前後對比的說法，能迅速改變受騙者對健康產品的認知，進而大幅提高成交率。

後　記

行銷心理學幫我實現工作夢想，你也能做到！

從開始著手寫《博弈心理學（全彩手繪圖解版）》到完成本書，共花了半年的時間，其中最讓我感慨的是，在系統化統整這些心理學知識的過程中，再次發現內心深處對它們真切的熱愛。

2016年11月，我還在日本旅行時，速溶綜合研究所和我確認此書大綱。我迅速看完後，立刻覺得文思泉湧，當場拿出手機打開文字編輯工具著手撰寫。

有趣的是，當時我的妻子、兒子、岳母在心齋橋的商店街血拼，而我蹲在繁華街道的一個角落，把腦海裡的知識串聯起來，將它們梳理成文，逐漸形成最終的稿件。

這個畫面一發不可收拾，後來還出現在大阪到京都的新幹線上、奈良的東大寺裡。我認為這是非常美好的狀態，每每想起都會不禁莞爾。

另外，正因為撰寫這2本心理學書籍，我的職業生涯發生了戲劇性的變化，讓我從一個傳統製造業的培訓和生產經理，轉變為從事行銷相關的互聯網獨角獸企業（註：指成立不到10年，但估值10億美元以上，又未在股票市場上市的科技創業公司）的運營經理，開始從事夢寐以求的工作和事業。

在這裡，我要特別感謝與我接洽的編輯雷敏，是你發現並成就了我這段無與倫比的經歷。這是一場詩意的蛻變，更是一次值得在年老後反覆回味的人生經歷。

NOTE

/ / /

NOTE

/ / /

NOTE

/ / /

國家圖書館出版品預行編目（CIP）資料

手繪300張圖讓你看懂富顧客的極度購物：為何金牌行銷總能第一眼看穿顧客內心，下一秒就讓他買單？ / 何聖君、速溶綜合研究所著
--初版. --新北市：大樂文化，2021.08
224面；17×23公分. --（Smart；111）

ISBN 978-986-5564-30-8（平裝）
1. 銷售 2. 行銷策略 3. 消費心理學
496.5 110009197

Smart 111

手繪300張圖讓你看懂 富顧客的極度購物

為何金牌行銷總能第一眼看穿顧客內心，下一秒就讓他買單？

作　　者／何聖君、速溶綜合研究所
封面設計／蕭壽佳
內頁排版／思　思
責任編輯／張巧臻
主　　編／皮海屏
發行專員／呂妍蓁、鄭羽希
會計經理／陳碧蘭
發行經理／高世權、呂和儒
總編輯、總經理／蔡連壽
出 版 者／大樂文化有限公司（優渥誌）
地址：220新北市板橋區文化路一段268號18樓之1
電話：（02）2258-3656
傳真：（02）2258-3660
詢問購書相關資訊請洽：2258-3656
郵政劃撥帳號／50211045　戶名／大樂文化有限公司

香港發行／豐達出版發行有限公司
地址：香港柴灣永泰道70號柴灣工業城2期1805室
電話：852-2172 6513　傳真：852-2172 4355

法律顧問／第一國際法律事務所余淑杏律師
印　　刷／韋懋實業有限公司

出版日期／2021年8月19日
定　　價／320元（缺頁或損毀的書，請寄回更換）
I S B N　978-986-5564-30-8

版權所有，侵害必究 All rights reserved.
本著作物，由人民郵電出版社授權出版、發行中文繁體字版。
原著簡體版書名為《營銷心理學》。
繁體中文權利由大樂文化有限公司取得，翻印必究。

大樂文化

大樂文化